빛깔있는 책들 301-39

대나무

글/김준호 ●사진/박보하

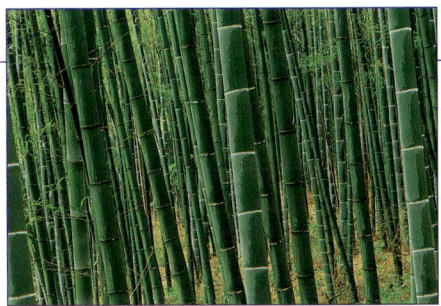

대원사

김준호━━━━━━━━

서울대학교 사범대학에서 생물학을 공부하
고 서울대 대학원에서 식물생태학으로 석
사·박사 과정을 이수하여 이학박사 학위
를 받았다. 공주사범대학과 서울대 자연대
교수를 역임하고, 한국식물학회·한국생태
학회·한국생물과학협회 회장을 지냈고, 현
재 서울대 명예교수와 대한민국학술원 회
원, 환경운동연합 고문으로 활동하고 있다.

박보하━━━━━━━━

경남 거창에서 태어났으며 네 번의 개인전
과 다수의 단체전을 가졌다. 1993년 월간
『사진예술』에서 주최하는 올해의 사진가상
을 수상하였고 1994년에는 『korean culture』
로 한국일보 출판문화상 사진예술상을 수
상하였다. 한국의 전통문화를 주제로 한 사
진들을 주로 촬영하고 있다.

대나무

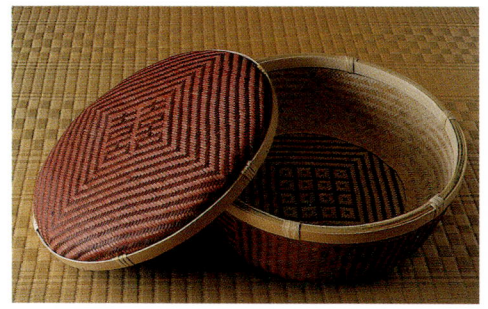

대나무

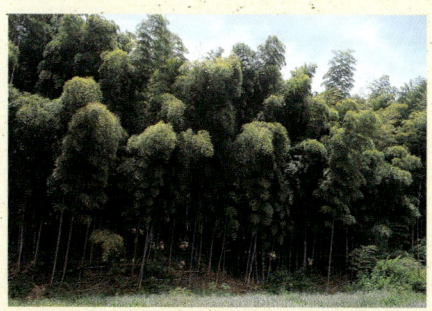

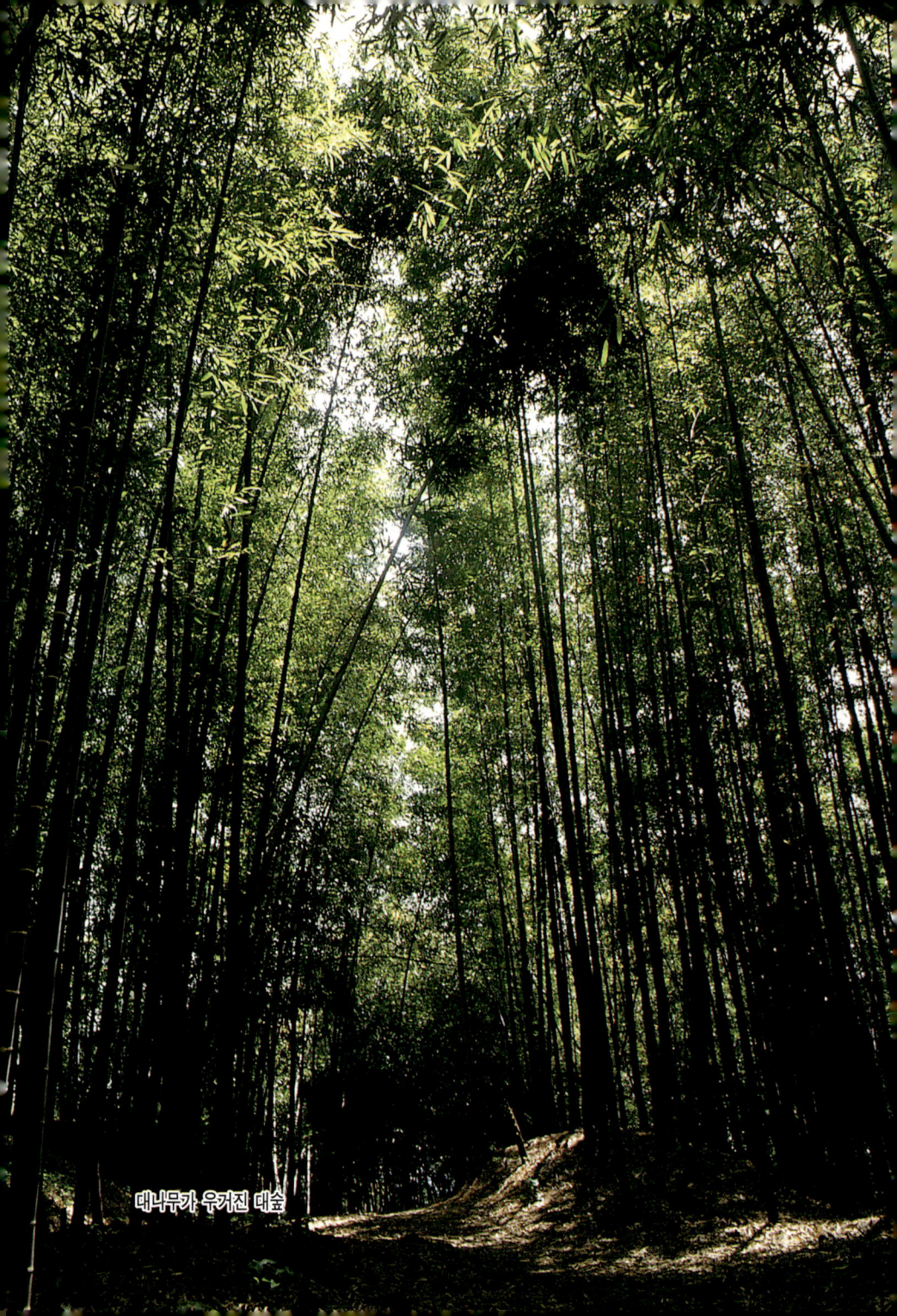

대나무가 우거진 대숲

연잎에 가랑비는 가늘게 내리네.
산이 가까워 그늘이 난간을 덮고
시냇물 드리워서 찬 기운 발에 든다.
저녁 볕이 여기에 어찌 이르랴.
다시금 대숲이 어우러져 있는데.

爲愛玆園好　淸凉可避炎
松風吹淅瀝　荷雨灑簾纖
山近陰籠檻　溪懸爽透簾
斜陽那到此　更有竹林兼

　소쇄원에는 당대의 은둔하던 선비들이 수시로 모여들어 대나무를 소재로 시를 읊곤 하였다. 우리 국문학의 정수(精粹)인 송강(松江) 정철(鄭澈, 1536~1593년)도 소쇄원에 대해 시를 읊었다.

산림이 구름 속에 숨어 있으니
도덕군자 마음은 생생하구나.
바람 속의 소나무는 신통한 피리 소리 보내오고
달 아래 대나무는 맑은 그늘 띄우네.
여기에서 알맞게 익은 술을 마시며
길고 짧은 소리로 글을 읊조려.
산에 사는 사람이라 어찌 벗이 없으리오.
때로는 두어 마리 새들도 있네.

林壑隱雲表　生君道者心
風松送冷籟　月竹散淸陰
爰以淺深酒　遂成長短吟
山人豈無友　時下兩三禽

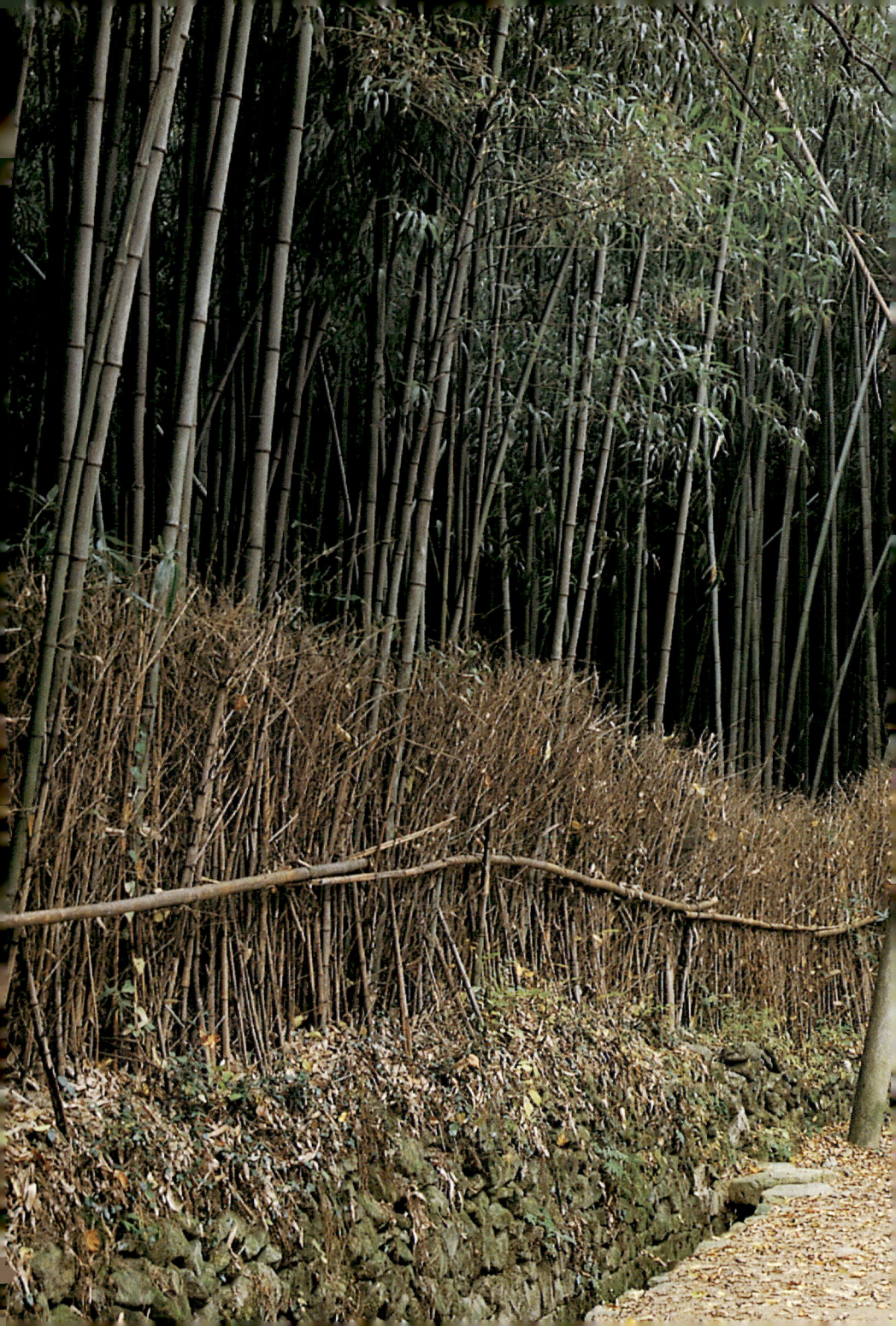

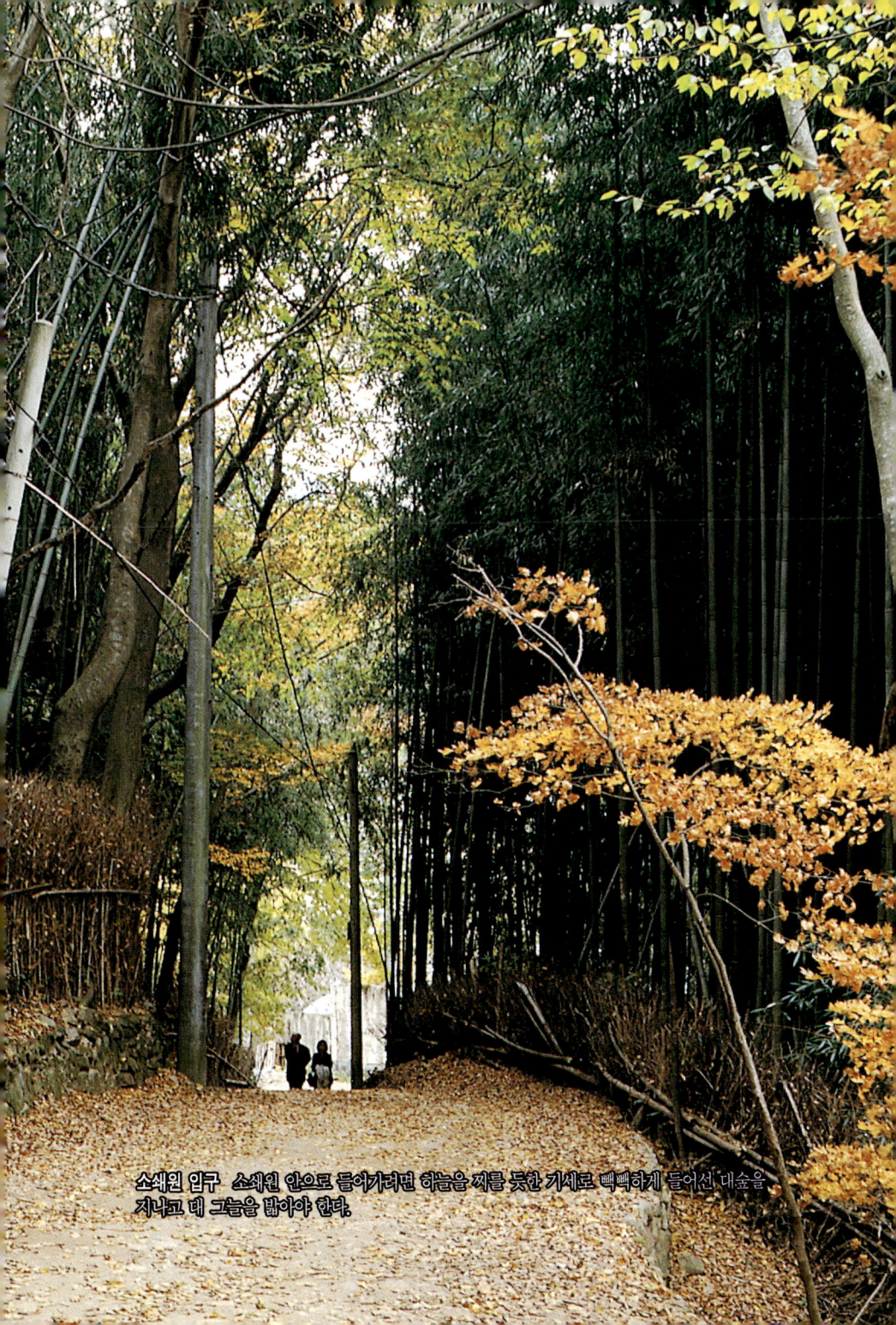

소쇄원 입구 소쇄원 안으로 들어가려면 하늘을 찌를 듯한 기세로 빽빽하게 들어선 대숲을 지나고 대 그늘을 밟아야 한다.

내가 아는 이 시대의 마지막 선비가 있다. 그의 이름은 한창기(韓彰璟)로, 한국의 전통 문화를 찾아서 세상에 알리던 『뿌리깊은나무』에 심혈을 기울이다 힘에 부쳐서인지 1997년 봄에 세상을 하직하고 말았다. 성북동 그의 사무실 옆에는 줄기가 검은 오죽이 가꾸어져 있었다. 행여나 얼세라 위에 유리지붕을 덮고 밑에 볏짚을 깔아 공들여 가꾸었는데, 그의 삶 또한 마치 대나무와 같았다.

선비의 덕목(德目)이 학식이 많고 행동과 예절이 바르며, 의리와 원칙을 지키고 관직과 재물을 탐내지 않으며, 인품이 고결하다고 한다면 대나무는 이 모두를 갖추었다고 할 수 있다. 대나무의 굳고 곧음은 마치 숭고한 학문을 쌓은 학자를 상징하는 듯하고, 대숲 속에서 하늘 높이 솟은 모습은 예의바른 군자를 보는 듯하다. 또 속이 비어 있는 모습은 관직과 재물을 탐내지 않고 마음을 비운 도인(道人)을 상징하는 듯하며, 칼을 대고 밀었을 때 밑동에서 끝머리까지 단 한 칼에 쪼개지는 특성은 원리와 원칙을 지키는 장군을 상징하는 듯하고, 사시사철 맑고 깨끗한 연두색은 고결한 인품을 지닌 선비를 나타내는 듯하다.

아무리 달래고 유혹하여도 고절(高節)을 지켜 휘어질 줄 모르는 대나무의 곧은 모습을 시인 윤인서(尹仁恕)는 이렇게 읊었다.

능소화 덩굴 대나무를 휘어 감아도 곧은 마음 지키려고 애를 쓴다네.
태고의 고운 소리 돌에 부딪는 건 물줄기 소리.
凌霄竹抱若貞心　激石波含太古音

대나무를 좋아하는 선비들은 대를 그림으로 그린다. 세찬 바람에 잎이 떼일세라 가지를 꼭 붙들고 펄럭이는 댓잎, 이른바 풍죽(風竹)을 그리고, 조용한 빗방울에 촉촉이 젖은 머리를 조아린 우죽(雨竹)을 그리며, 마디[節]가 촘촘히 이어진 곧은 줄기인 죽간(竹竿)을 그린다.

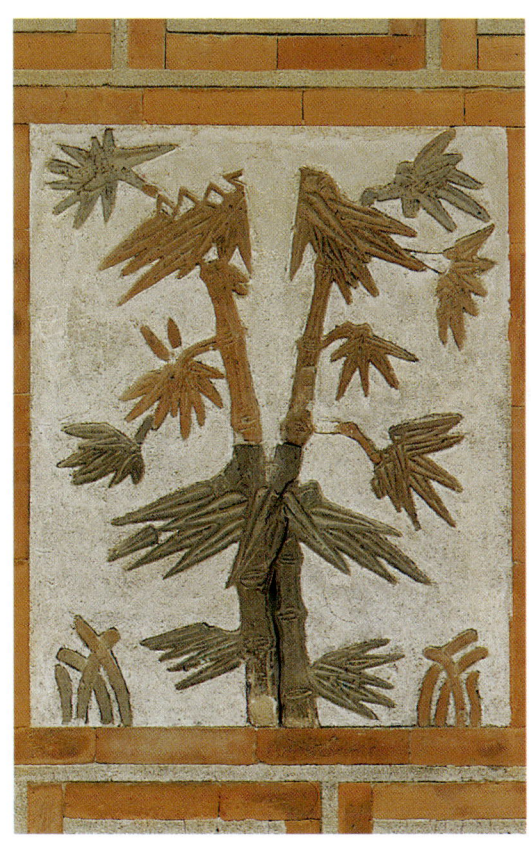

경복궁 자경전의 대나무 무늬판 자경전의 서쪽 담 외벽에는 매화, 난초, 대나무 등의 무늬판이 치장되어 있다.

붓에 먹물을 찍어 화선지에 대를 그린다. 아무런 기교 없이 툭툭 내려치는 붓끝은 수런수런 모여드는 댓잎을 그린다. 그것이 풍엽이건 우엽이건 분간할 바 아니다. 그저 아무 생각 없이 툭툭 내려긋는다.

붓에 먹물을 찍고 호흡을 고르게 가다듬는다. 자세를 바로 하여 담담한 심경으로 화선지에 붓을 옮긴다. 아래에서 위로 일관되게 죽간의 여윈 마디들을 단숨에 그려 올린다. 묵죽(墨竹)을 그리는 선비의 마음이

도덕군자처럼 깊어진다.

조선시대의 궁중 화원(畵員)을 뽑는 시험 과목에는 반드시 대나무를 그리도록 제도화하였다. 대나무는 소나무, 매화나무와 함께 눈바람이나 엄동(嚴冬)에도 견디며 또 다른 식물에 앞서 꽃을 피우므로 '세한삼우(歲寒三友)' 또는 '삼우(三友)'라 일컬어 그림의 소재로 애용되었는데, 고결한 절조(節操)를 뜻하는 이 세 가지 식물을 한 장의 그림으로 그린 것을 삼우도(三友圖) 또는 삼청도(三淸圖)라고 하였다. 그리고 매화와 국화, 난초를 더하여 사군자(四君子)라 하여 동양화의 화제(畵題)로 썼는데, 세상의 오탁(汚濁)에 물들지 않고 고절을 지킨 선비와 화가가 즐겨 그렸다. 먹으로 그린 묵죽도(墨竹圖)는 고려시대부터 성행하여 조선시대 사대부 유교 교양의 일부로 널리 유행하였다.

탄은(灘隱) 이정(李霆, 1541~1622년)은 묵죽을 잘 그렸으며 바람에 날리는 댓잎을 그린 풍죽도(風竹圖)를 남겼다. 표암(豹菴) 강세황(姜世晃, 1713~1791년)도 대 그림 걸작품을 남겼다. 또한 필자가 소장하고 있는 호남의 명필 강암(剛菴) 송성용(宋成鏞)이 그린 풍죽도를 보면 거센 바람에 부대껴 잎 끝이 갈라지고 찢어진 모습을 하고 있다.

현대 공간 속의 대나무

겨울에 기차를 타고 남녘으로 가다 보면 거무튀튀한 암녹색의 솔숲, 앙상하게 가지가 얽힌 잡목림, 그리고 삭막한 공장과 주택을 접하게 된다. 이것이 서울에서 천안까지의 경치이다. 그런데 천안에서 대전으로 가는 어귀에는 대숲이 있어 눈이 번쩍 뜨인다. 신선한 연두색의 대숲은 주변의 우중충한 다른 숲과 논밭을 제치고 한눈에 들어와 여행객의 마음을 사로잡는다. 왜냐하면 대숲은 1년 내내 선녹색을 간직한 동생초

(冬生草)이기 때문이다.

 발길을 호남 쪽으로 돌려 계룡산 기슭의 두계(豆溪)를 지나 논산에 이르면 대숲이 점점 더 풍성해짐을 느낄 수 있다. 또 영남 쪽으로 옮겨 옥천과 영동, 구름이 쉬어 간다는 추풍령에도 대숲은 이어지고 김천 이남에 이르면 더욱 풍요로워진다. 발길을 바꾸어 서해안 쪽의 당진과 서산, 태안 등에 이르면 바닷물과 맞닿는 대숲들이 있다. 동해안 쪽으로는 고성에서 이어지는 강릉의 오죽헌이 볼 만하며, 울진과 영덕을 거쳐

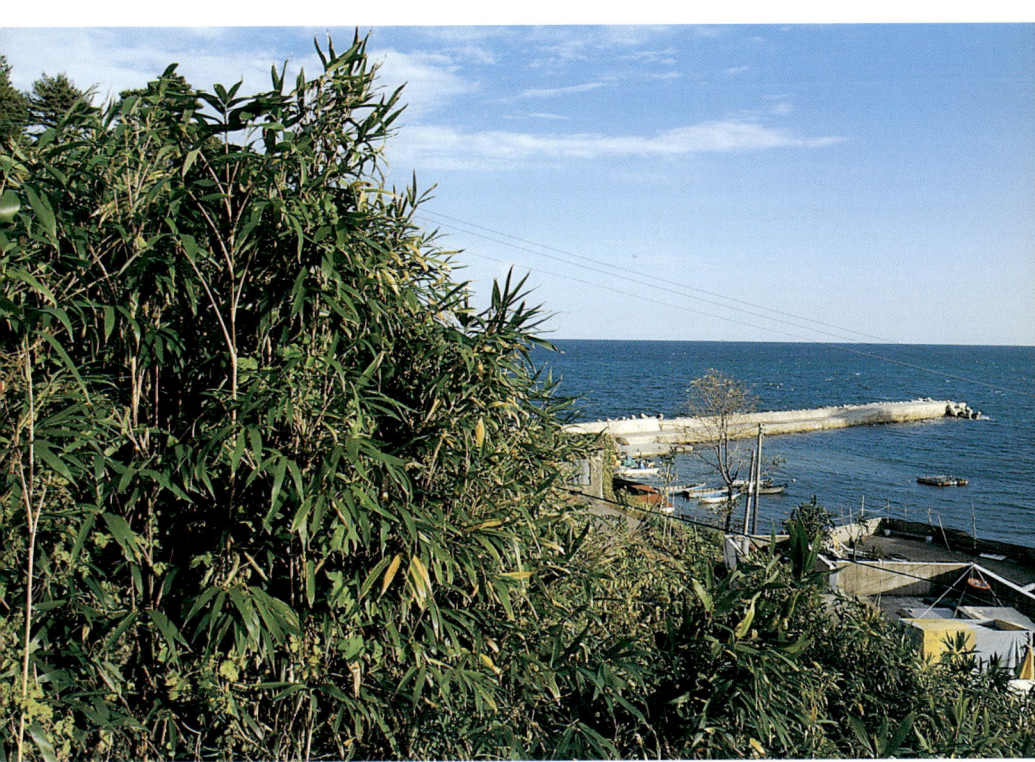

대숲이 있는 동해안 마을 키가 낮은 갓대나 이대가 잘 자라는 동해안 쪽의 대숲은 수천 평 넓이의 동해 물과 마주하며 자란다.

포항 밑의 구룡포와 감포에 이르면 수천 평 넓이의 대숲이 동해의 물과 마주한다. 이보다 남쪽으로는 제주까지 대숲이 서로 이어져 있다.

빼어난 대숲이 있는 곳은 죽향(竹鄕)을 자처하는 담양 땅이다. 이 마을에는 머리를 돌려 대숲이 보이지 않는 곳이 없다. 동서남북 어느 방향으로 보아도 대숲으로 가득 차 있다. 대숲뿐만 아니라 죽물(竹物)을 업으로 삼고 있는 사람이 많고, 죽물 공예로 이름난 무형문화재를 태어나게 하였으며, 죽물박물관이 있고 죽물 시장이 선다. 담양은 죽향답게 대와 사람과 죽물이 우리나라에서 으뜸가는 고장이다.

남녘의 대나무 고장에는 대숲 속에 마을이 있다. 집들은 남쪽을 바라보며, 대숲을 북쪽에 등지고 자리잡는다. 겨울이 추운 온대지방 사람들은 오랜 경험에 의해 남향집을 짓고 집 뒤에 대숲을 가꾸었다. 대숲은 집의 북쪽을 완전히 막고 서쪽과 동쪽을 반쯤 막아서 마치 말굽처럼 집을 에워싼다. 대숲으로 에워싸인 집은 매서운 겨울의 북풍을 피할 수 있고, 여름에는 아침과 석양의 햇살을 막아서 서늘하게 한다. 이처럼 대숲에 싸인 집을 죽원(竹院, 竹園)이라고 한다.

대숲에 감싸인 집 지붕과 대나무의 빛나는 연두색은 참으로 잘 어울리는 우리나라의 빼어난 경치 가운데 하나이다. 그 지붕은 초가지붕도 좋고 기와지붕도 좋으며, 검정색보다 고동색의 오지기와라면 더욱 좋다. 대나무 특유의 부드러운 질감과 더불어 다소곳이 머리 숙인 대숲은 회색의 매끈한 곡선을 그리는 초가지붕도 어울리고, 검정색이나 고동색의 유선형 기와지붕과 하얀 직선의 슬래브지붕도 어울린다. 지붕은 세월따라 변하였지만, 대숲은 옛 모습 그대로 남아 그 변화를 수용하여 조화시켜 왔다.

대나무를 좋아하는 사람은 뜻밖에도 많다. 대나무를 좋아하는 사람은 그것을 직접 기르면서 즐기려고 한다. 송(宋)나라 때 시와 서화로 으뜸가던 소동파(蘇東坡, 1036~1101년)는 만약 집안에 대나무가 없

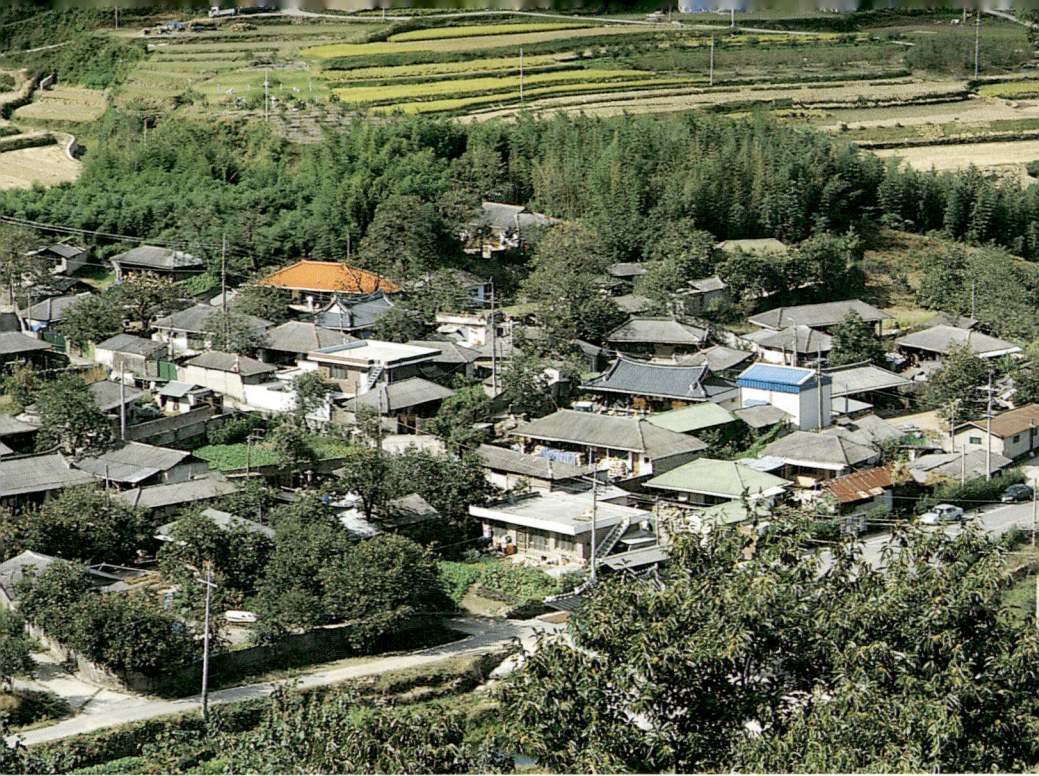

마을을 감싸고 있는 대숲 남녘의 대나무 고장에는 대숲 속에 마을이 있는데, 집들은 남쪽을 바라보며 대숲을 북쪽에 등지고 자리잡는다.

으면 속된 사람이라 하였다.

눈앞에 어른거리는 꿋꿋한 죽간을 보고 바람에 서걱대는 댓잎의 정취(情趣)를 느끼고 싶으면 가까운 곳에 대나무를 길러야 한다. 대나무가 선비를 상징하기 때문에 기르는 이도 있겠지만 대나무 고장에서 자란 이는 소년 시절의 추억이 머리 속에 남아 커서도 잊지 못하고 기르게 된다.

하얀 눈을 맞은 대나무가 그리워서 정원에 대나무를 심었다. 고향에서 키가 큰 대나무를 옮겨 올 능력이 없어 회초리처럼 가느다란 세죽(細

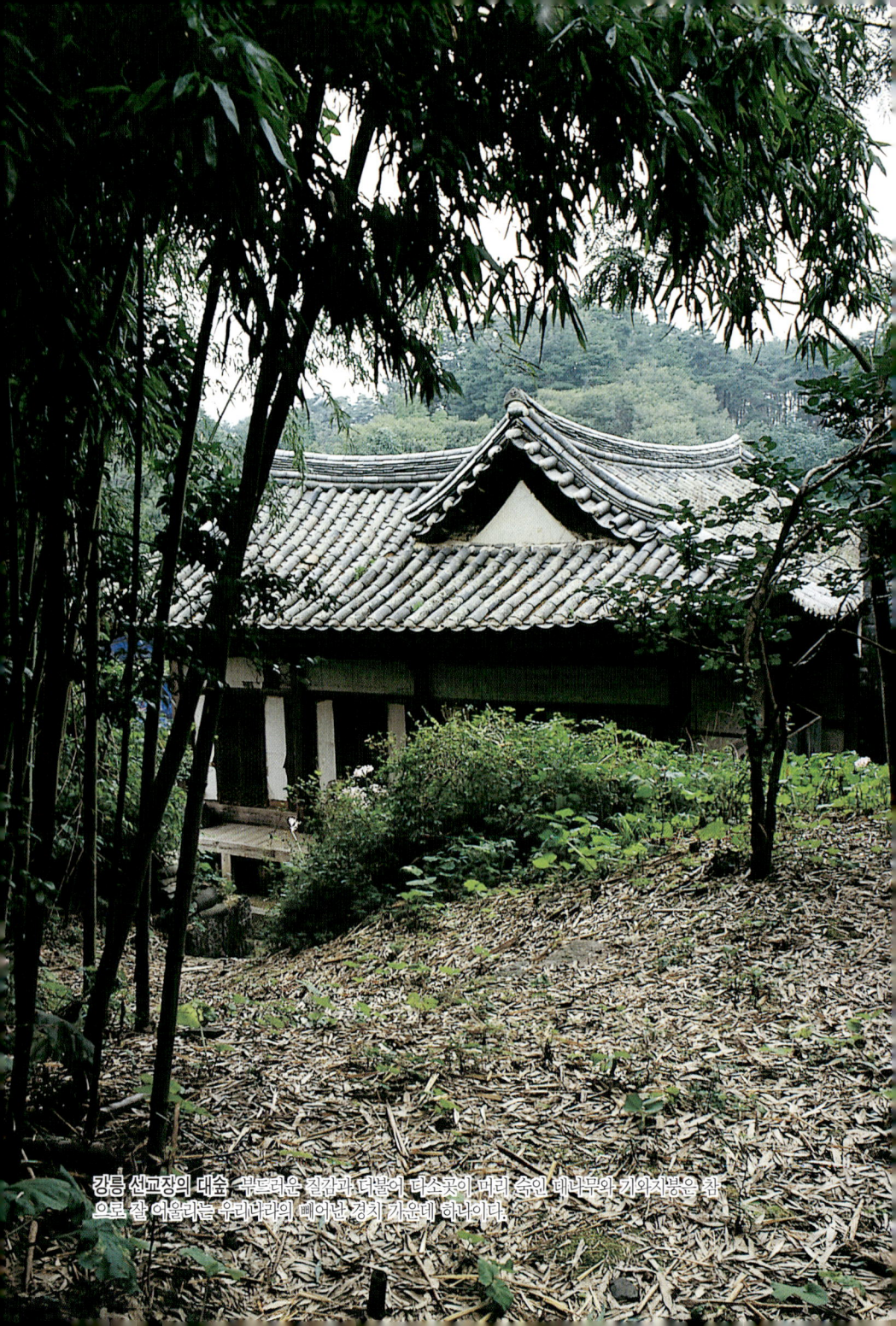

강릉 선교장의 대숲 부드러운 질감과 더불어 다소곳이 머리 숙인 대나무와 기와지붕은 참
으로 잘 어울리는 우리나라의 빼어난 경치 가운데 하나이다.

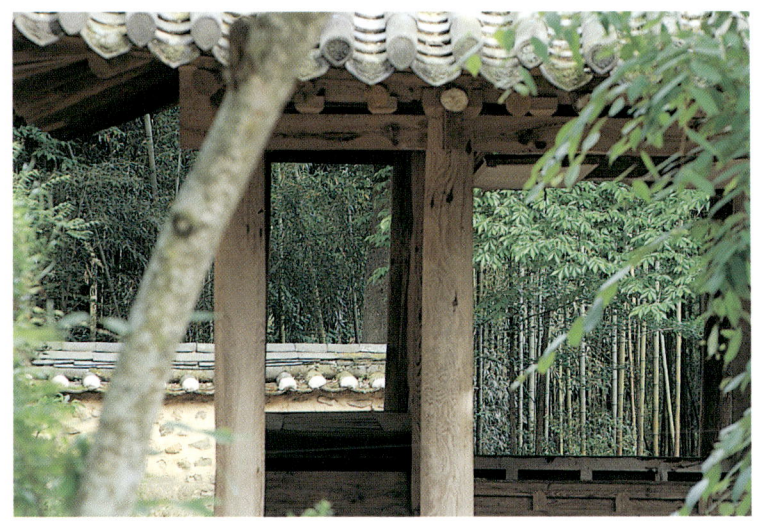

선교장 안에서 바라본 대숲

竹)에 몇 가닥의 땅속줄기〔地下莖〕와 몇 장의 잎을 붙여 기름종이에 싸서 서울로 옮겨 심었다. 다른 식물보다 몇 배의 사랑을 주어 3년 동안 길렀더니 한 키만큼이나 자랐다. 겨울 동안의 동해(凍害, 식물이나 농작물 따위가 추위로 입게 되는 피해)를 막으려고 왕겨를 깔아 주고 바람막이를 치곤 하였다. 그런데 4년째 겨울은 몹시 추웠다. 주인의 정성에 아랑곳하지 않고 동해를 입어서 잎이 변색되고 가지마저 죽어서 몰골이 흉하게 변하였다. 그러나 다행히도 땅속줄기는 살아 있어서 봄에 가느다란 죽순(竹筍)이 돋아나 꼬마 대숲을 만들어 주었다. 이 꼬마 대숲이 고향의 넓고 넉넉한 대숲을 대신하여 필자의 마음에 화로를 안겨 주었다.

옛날 서울 동숭동의 서울대학교 안에는 비록 좁은 면적이지만 대숲이 있었다. 대나무를 좋아하는 어느 교수가 정성 들여 가꾼 보람이 있

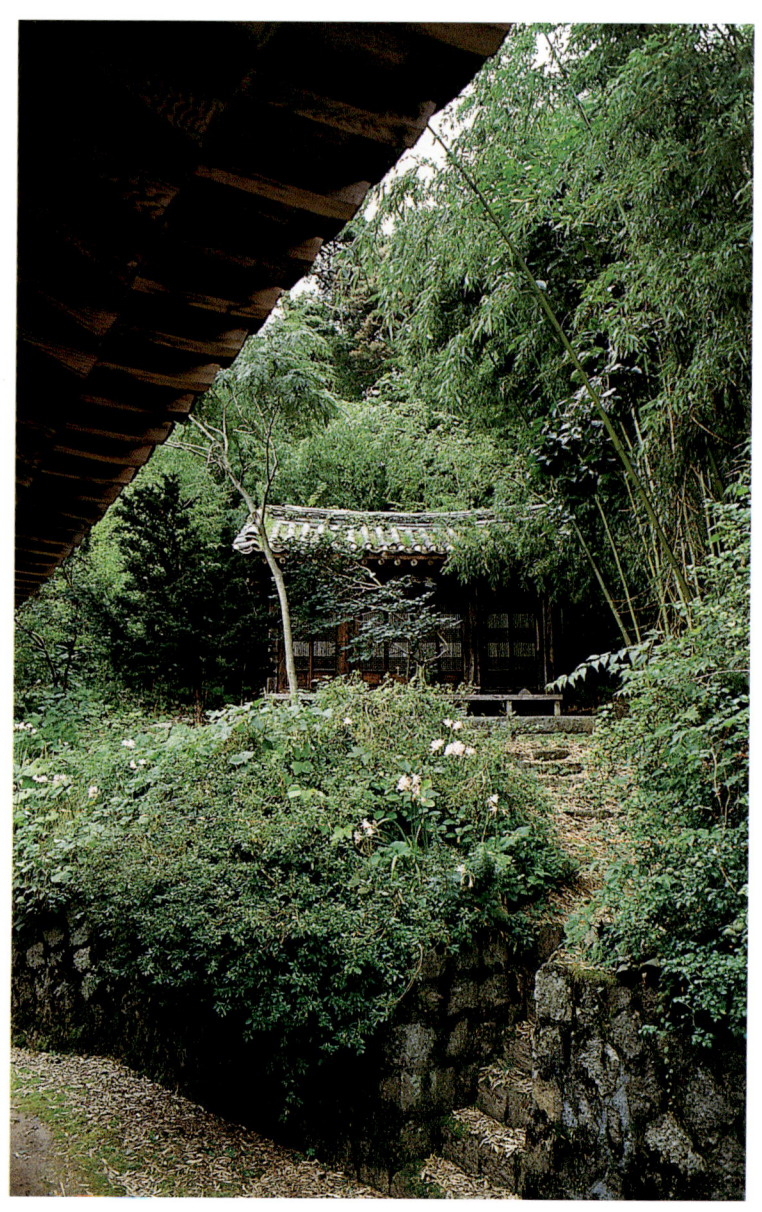

대숲으로 에워싸인 선교장 대숲에 감싸인 집 지붕과 대나무의 연두색이 잘 어울린다.

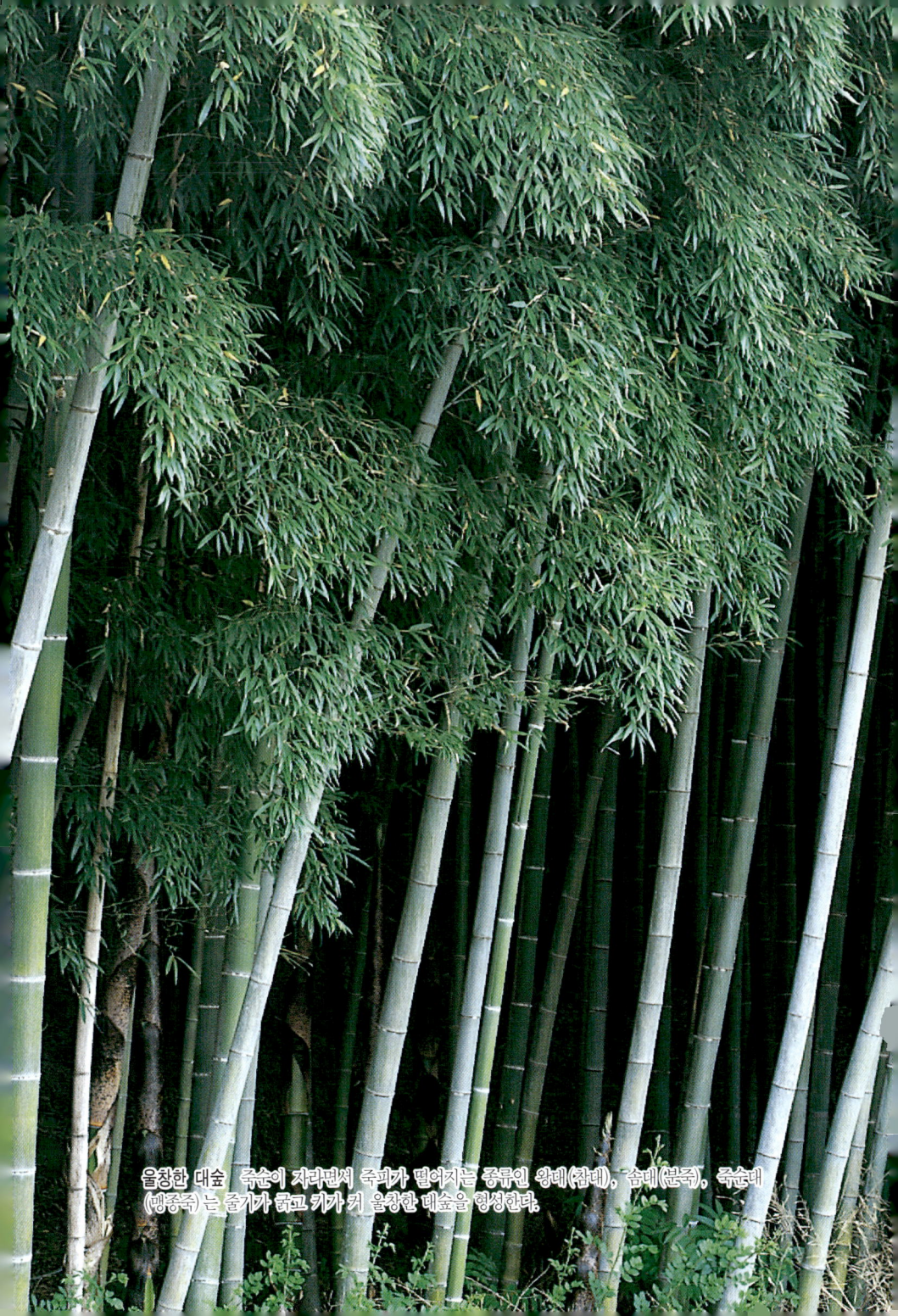

울창한 대숲 죽순이 자라면서 죽피가 떨어지는 종류인 왕대(참대), 솜대(분죽), 죽순대 (맹종죽)는 줄기가 굵고 키가 커 울창한 대숲을 형성한다.

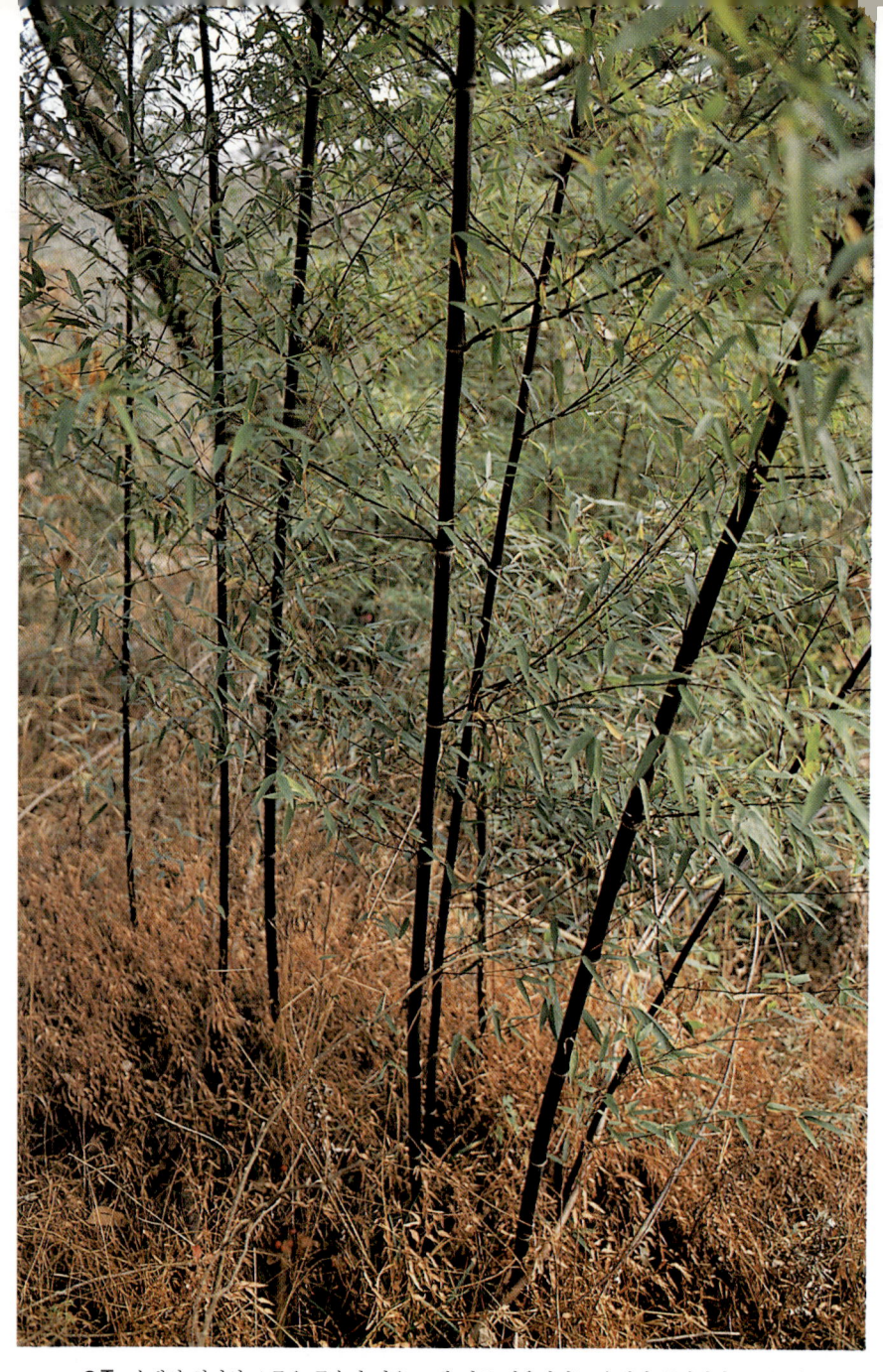

오죽 솜대의 하나인 오죽은 죽순이 나온 그해 이른 가을까지는 솜대와 똑같지만, 늦은 가을부터 줄기가 까마귀처럼 반짝반짝 빛난다.

가지 죽세공품(竹細工品)을 만드는 데 쓰인다.

왕대의 변종 가운데 귀갑죽(龜甲竹, *Phyllostachys bambusoides* var. *aurea*)이 있다. 이 대나무의 줄기는 주로 장식용으로 쓰이는데 마디사이(節間)가 짧고 거북이의 등처럼 들쭉날쭉하게 부풀어 있어 붙여진 이름이다.

솜대

솜대(*Phyllostachys nigra* var. *henonis*)는 왕대보다는 작고 10미터를 약간 넘는다. 줄기는 처음에 흰가루를 뿌린듯 털이 나지만 나중에 황록색으로 변한다. 가느다란 잎은 흔히 2, 3장씩 붙는다. 잎싸개의 구연부

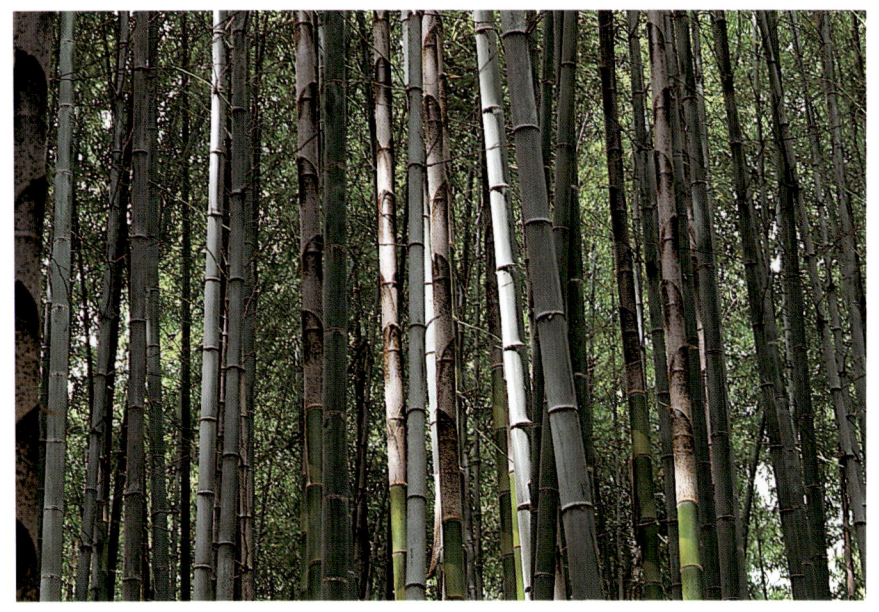

솜대 왕대보다 키도 작고, 가지가 조밀하며, 잎이 좁고 가는 솜대는 공예용이나 관상용으로 쓰인다.

에 붙은 견모는 다섯 개쯤으로 짧고 녹색이며 가지와 45도로 붙어 천천히 떨어지는 점이 왕대와 다르다.

죽순의 죽피는 엷은 붉은색을 띠며 반점이 없고 혀잎은 작다. 솜대는 왕대보다 가지가 조밀하고, 잎이 좁고 가늘며, 마디사이가 짧다. 또한, 죽질이 연하여 죽세공에 쓰이지 않지만 마디가 짧고 곧아서 낚싯대로 흔히 쓰인다.

솜대에는 오죽(*Phyllostachys nigra*)과 반죽(*Phyllostachys nigra* for. *punctata*)의 두 종류가 있다. 오죽은 죽순이 나온 그해 이른 가을까지는 솜대와 똑같지만 늦은 가을부터 줄기가 까마귀처럼 검정색으로 변한다. 오죽은 굵은 줄기로 자라지 않지만 반짝반짝 빛나는 검정색이 아

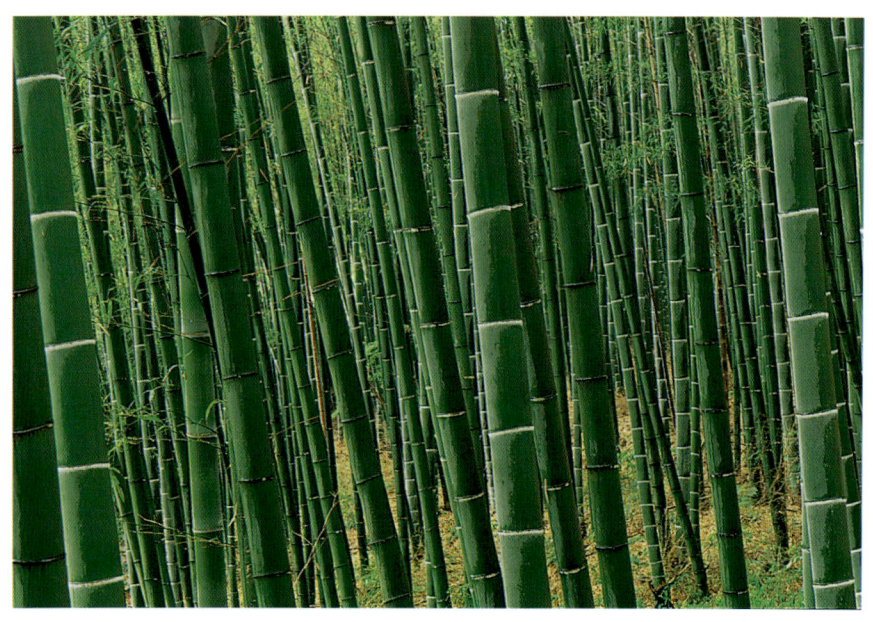

죽순대 대나무 가운데 가장 굵은 죽순대는 죽질이 매우 연하여 식용으로 이용된다.

름다워 공예용으로도 쓰이고, 또 정원이나 화분에 심어서 관상용으로
이용되기도 한다. 오죽이 완전한 검정색인데 비해 반죽의 줄기 색은 늦
가을부터 검정색의 반점 무늬가 생긴다. 반죽도 오죽처럼 공예용이나
원예용으로 쓰인다.

죽순대

죽순대(*Phyllostachys pubescens*)는 우리나라의 남부지방, 특히 거제
도에 많다. 높이는 솜대 정도지만 줄기의 지름은 20센티미터쯤으로 대
나무 가운데 가장 굵다. 왕대와 솜대의 마디는 두 개의 가락지를 낀 듯
한 2륜이지만 죽순대는 1륜이다. 줄기의 표면은 처음에 흰가루를 뿌린
듯 털이 나지만 시간이 지나면 황록색으로 변한다. 가느다란 잎이 가지
끝에 5, 6장씩 붙어 있고, 견모는 짧아서 빈약하게 보이며, 가지와 평행
하게 붙어 있다가 곧 떨어진다. 굵은 죽순은 다른 종류보다 일찍 돋아
나며 죽피에는 엉성한 털이 있고, 검정색 반점이 있으며 길다란 혀잎이
있다.

죽순대는 죽질이 매우 연하여 죽세공에는 이용하지 않지만 굵은 줄
기로 필통을 만든다. 또한 굵은 죽순은 식용(食用)으로 쓰인다. '맹종'
이라는 사람이 겨울에 죽순을 따서 병든 어머니를 쾌유하게 한 이야기
가 전해 오듯이 죽순대를 달리 '맹종죽(孟宗竹)'이라 부른다.

대나무의 형태

대나무는 다른 식물이 가지지 않은 몇 가지 특징이 있다. 죽간이라고
말하는 땅위줄기와 뿌리처럼 보이는 땅속줄기 그리고 죽순이 각각 특
이한 모양을 보인다.

땅위줄기(죽간)

곧게 서 있는 땅위줄기는 죽순이 단시간에 자란 것이다. 땅위줄기의 흙 속에 박힌 밑부분은 팽이처럼 뾰족하여 땅속줄기에 붙는다. 줄기는 땅 표면에서 가장 굵고 위로 올라감에 따라 점점 가늘어진다. 땅위줄기는 굳게 매듭을 지은 듯한 마디가 촘촘히 이어지며, 마디와 마디의 사이는 겉면이 밋밋한 마디사이가 연결한다. 왕대와 솜대의 마디는 마치 쌍가락지처럼 볼록면을 두 테로 감지만 죽순대는 한 테로 감는다.

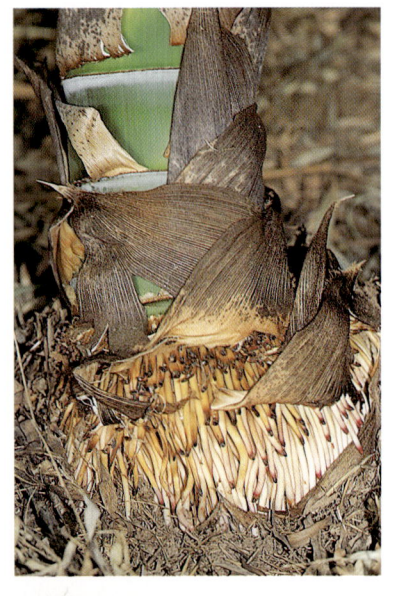

수염뿌리 땅위줄기는 바람에 넘어지지 않도록 밑부분에 많은 수염뿌리가 나와서 몸을 튼튼하게 지탱한다. (오른쪽)

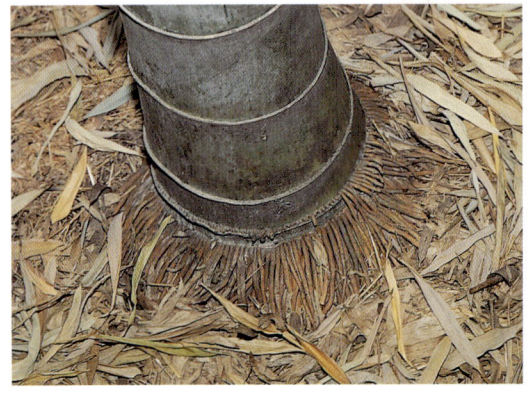

땅위줄기 땅위줄기는 땅 표면에서 가장 굵고, 위로 올라감에 따라 점점 가늘어진다. (왼쪽)

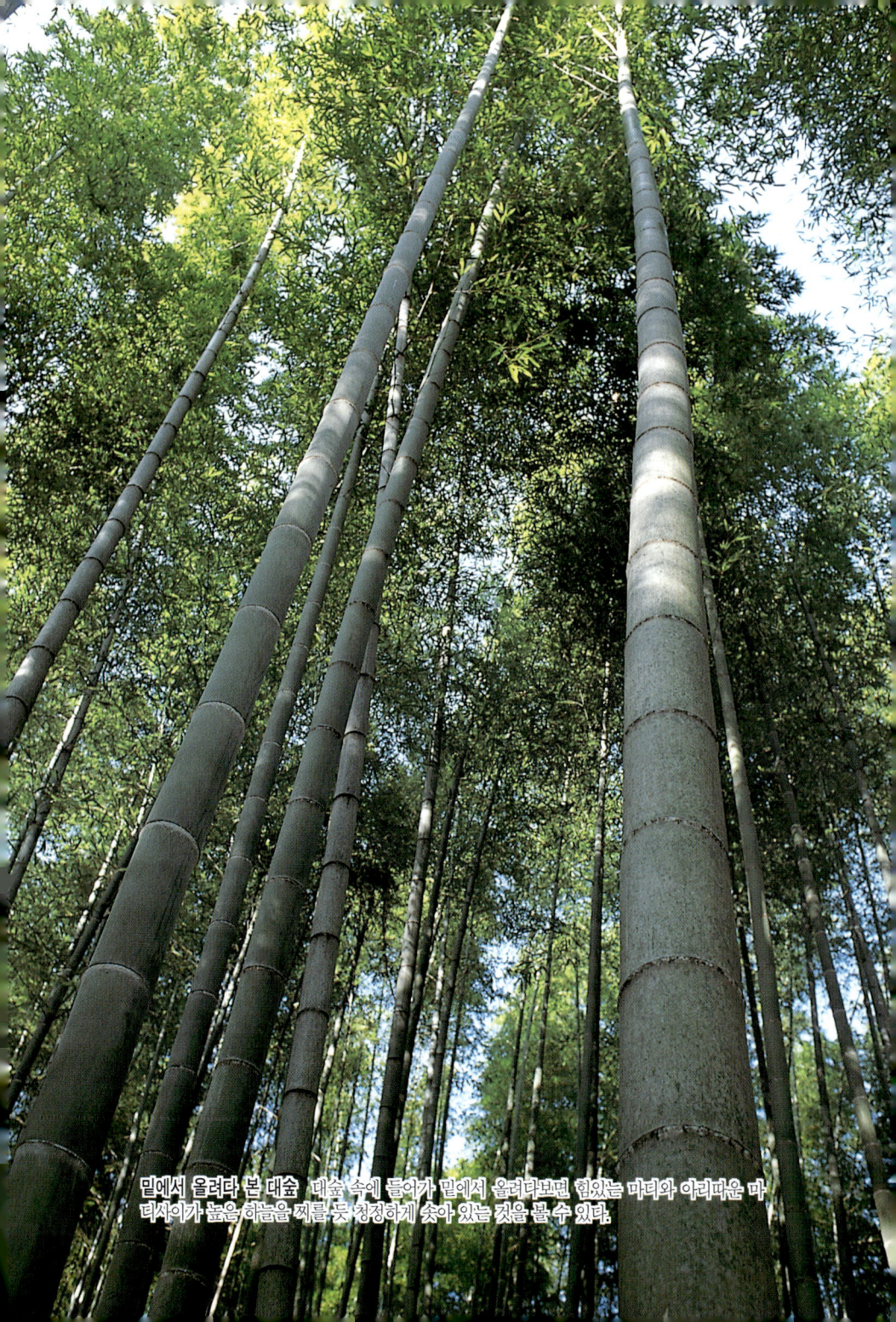

밑에서 올려다 본 대숲 대숲 속에 들어가 밑에서 올려다보면 힘있는 마디와 아리따운 마디사이가 높은 하늘을 찌를 듯 청청하게 솟아 있는 것을 볼 수 있다.

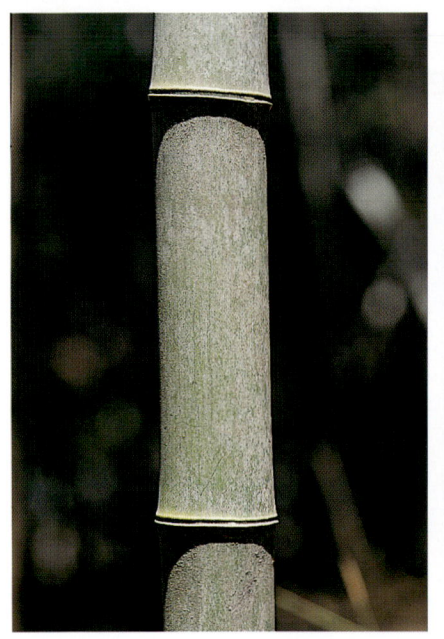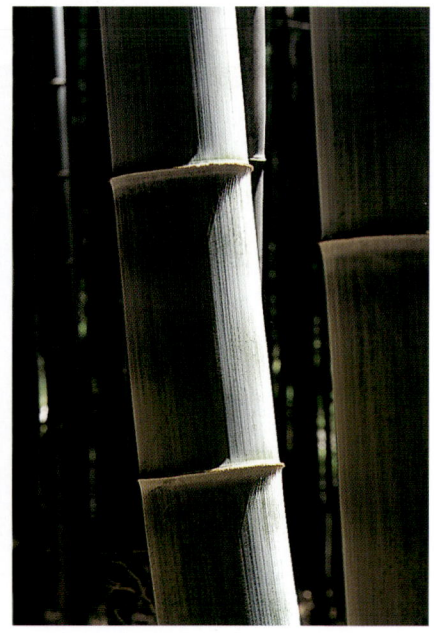

대나무의 마디 왕대와 솜대의 마디는 쌍가락지처럼 볼록면을 두 테로 감지만(왼쪽) 죽순대는 한 테로 감는다. (오른쪽)

    테는 죽순 시절에 죽피가 붙었던 자리로, 어릴 때의 마디가 자란 채 머문 흔적을 말한다. 녹색의 마디사이는 속이 텅 비어 있지만 마디는 막혀 있어 바람에 꺾이지 않는 역할을 한다. 대숲 속에 들어가 밑에서 올려다보면 힘있는 마디와 아리따운 마디사이가 높은 하늘을 찌를 듯 청청하게 솟아 있는 것을 볼 수 있다.

    마디의 수는 줄기의 길이에 비례한다. 가장 많은 마디 수는 줄기마다 왕대가 71개, 솜대가 43개, 죽순대가 73개이다. 마디사이의 속이 텅 비는 원인은 조직의 생장 속도가 다르기 때문이다. 즉 죽순이 자랄 때 줄기의 벽을 이루는 조직은 대단히 빠르게 늘어나지만, 속을 이루는 조

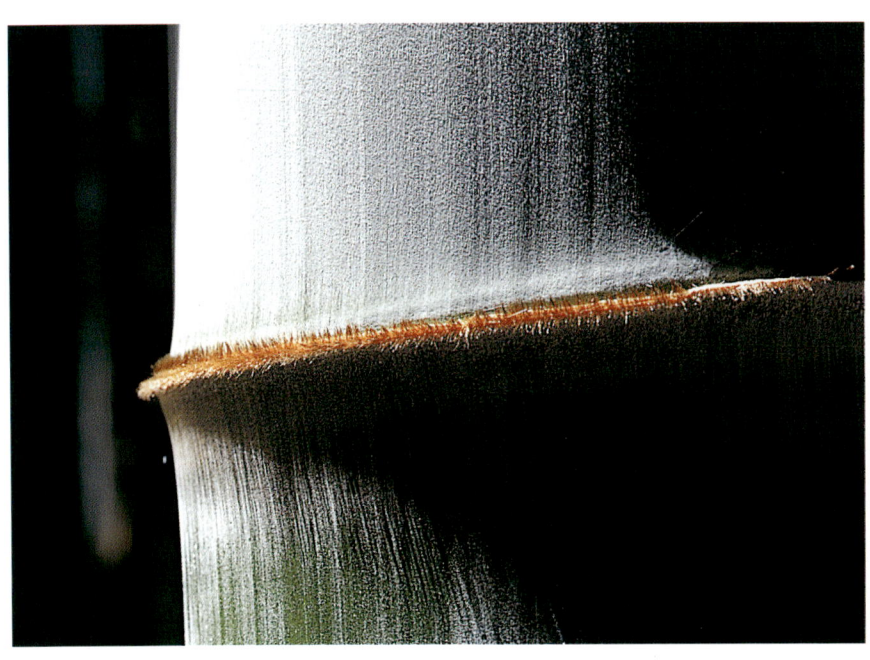

줄기의 마디사이 마디사이의 가장 밑부분에서는 세포 분열과 함께 생장이 일어난다.

직은 세포 분열이 느리게 일어나서 늘어나지 않는다. 이렇듯 줄기 속 조직의 생장이 벽 조직의 생장을 따르지 못하기 때문에 마디사이에 텅 빈 공간이 생기는 것이다. 짧은 죽순이 높은 대나무로 자라는 까닭은 마디사이의 가장 밑부분에서 세포 분열이 일어나는데, 분열된 세포가 생장하기 때문이다. 대나무는 모든 마디사이의 밑부분에서 생장이 일어나며, 이를 절간생장(節間生長)이라 한다.

줄기의 마디사이는 왕대의 경우 길수록 이용 가치가 높다. 왜냐하면 마디는 끊어내고 마디사이만을 죽세공에 이용하기 때문이다. 그러나 솜대는 마디사이가 짧을수록 줄기가 곧고 튼튼하기 때문에 이용 가치가 높다. 그래서 대나무를 이용하는 사람들은 마디사이의 길이에 관심이 많다.

마디사이는 대나무의 굵기에 따라 다르다. 마디사이의 길이는 지름 5센티미터 이하의 왕대에서는 11~13센티미터이고, 솜대에서는 3~24센티미터, 지름 6센티미터 이상의 왕대에서는 22~24센티미터이다. 가장 긴 마디사이는 지름 5센티미터 이하의 왕대에서 12~40센티미터이고, 솜대에서 7~27센티미터이며, 지름 6센티미터 이상의 왕대에서 28~54센티미터이다. 땅 위에서 가장 긴 마디사이가 있는 위치는 지름 5센티미터 이하의 왕대에서 10~28번째 마디이고, 솜대에서는 4~19번째, 지름 6센티미터 이상의 왕대에서는 12~32번째 마디이다.

이처럼 마디사이의 길이는 6센티미터 이상의 굵은 대나무가 5센티미터 이하의 가는 것보다 길어진다. 또 대나무의 종류나 굵기에 관계없이 가장 긴 마디사이가 있는 위치는 땅위줄기의 중앙 부근이나 그보다 약간 밑쪽에 위치한다.

땅위줄기는 한 마디에 가지가 두세 개씩 나온다. 그러나 줄기의 밑부분에는 가지가 없거나 한 개씩만 나온다. 가장 아래쪽 가지가 붙는 줄기의 높이를 지하고(枝下高, 땅으로부터 첫째 가지까지의 높이)라고 하는데, 굵은 대나무나 밀생한 대숲일수록 지하고가 높아지고 드문 대숲일수록 낮아진다. 죽피 속의 눈은 강한 햇빛을 받고 자라면 싹이 터서 가지를 펴지만 약한 햇빛을 받고 자라면 싹트지 않은 채 눈으로 머물러 있게 된다. 그래서 약한 햇빛을 받고 자란 대나무는 지하고가 높아진다. (71쪽 조도 참조)

땅위줄기는 언뜻 보기에 위아래 굵기가 같은 파이프처럼 보이지만 정밀하게 측정하면 배불뚝이형, 날씬형 그리고 수중(水腫) 다리형의 세 가지 형태로 구별된다. (그림 1 참조)

배불뚝이형은 그루터기 부근은 가늘고 위로 올라감에 따라 굵어지다가 눈높이 또는 땅 위로부터 10번째 마디 부근에 가서는 가장 굵어지다가 그보다 위로 올라가면 차츰 가늘어지는 형을 말한다. 배불뚝이형은 왕대에 많고 솜대에 적으며 죽순대에는 거의 없다. 이 형의 대나무는 불량한 대숲보다 우량한 숲에, 성긴 숲보다 빽빽한 숲에, 추운 지방보다 따뜻한 지방에, 가는 대나무보다 굵은 대나무에 많다. 바람이나 눈에 꺾이기 쉬운 단점이 있지만 재질(材質)이 좋기 때문에 이런 대나무를 선호하기도 한다.

날씬형은 그루터기에서 눈높이까지 파이프 모양으로 거의 같은 굵기를 유지하다가 그보다 높아짐에 따라 차츰 가늘어지는 줄기를 말한다.

수중다리형은 그루터기 부근이 가장 굵고 위로 올라갈수록 차츰 가늘어지는 줄기를 말한다. 죽순대에 많고 왕대나 솜대에도 더러 있지만 많지는 않다. 수중다리형은 우량한 대숲보다 불량한 숲에, 굵은 대나무보다 가는 대나무에, 지하고가 높은 줄기보다 낮은 줄기에, 마디사이

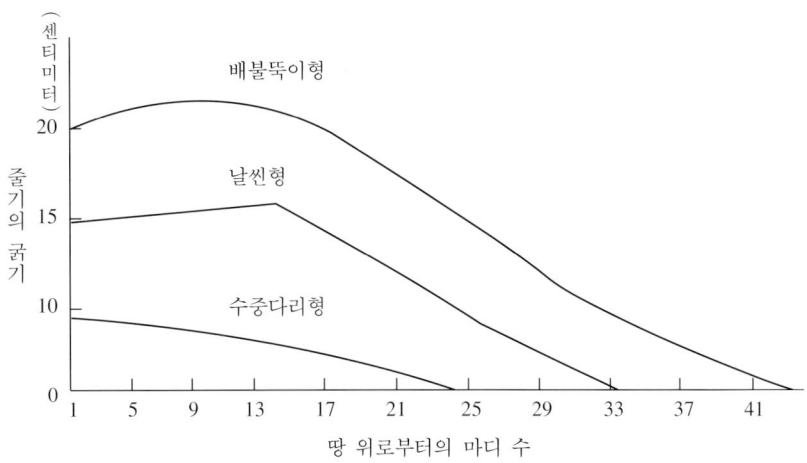

그림 1. 땅위줄기의 세 가지 형태

가 긴 줄기보다 짧은 줄기에 많다. 재질이 좋지 않아서 쓸모가 적지만 바람이나 눈에 꺾이지 않는 장점을 지니고 있다.

땅속줄기

땅속줄기란 땅속에서 옆으로 뻗는 줄기를 일컫는다. 줄기에는 마디와 마디사이가 있다. 마디에는 눈이 한 개씩 붙고 가느다란 뿌리가 많이 나 있으며, 마디사이는 짧고 속이 채워져 있는 점이 땅위줄기와 다르다. 땅속줄기가 새로 뻗을 때 싸여 있던 죽피는 다음해에 떨어진다. 땅속줄기는 보통 땅속으로 뻗지만 어쩌다 땅 위로 뻗어 활 모양으로 굽어서 다시 땅속으로 끝머리를 숙이는 것도 있다.

눈에 잘 띄지 않는 땅속줄기는 대숲을 지탱하는 데 있어서 땅위줄기보다 오히려 중요한 구실을 하며 사시(四時)의 풍상을 모두 겪으며 장수를 누린다.

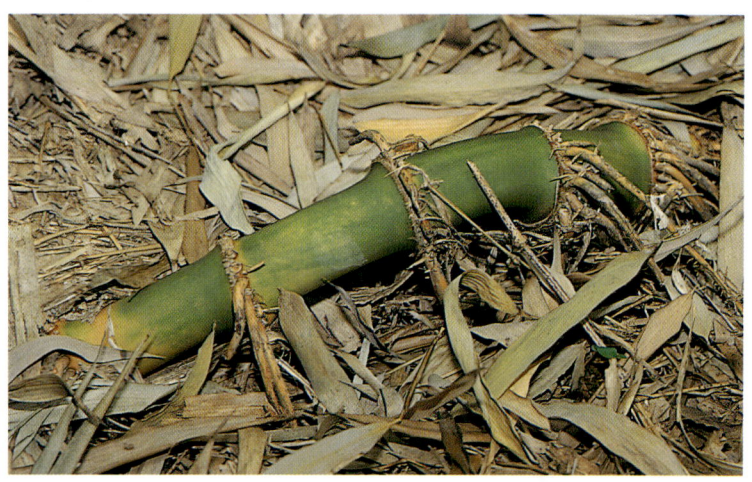

땅속줄기 보통 땅속으로 뻗지만 어쩌다가 땅 위로 뻗어 활 모양으로 굽어서 다시 땅속으로 끝머리를 숙이는 것도 있다.

땅속줄기는 보통 땅속 얕은 곳에서 많이 뻗으며 밑으로 내려감에 따라 차츰 그 수가 적어진다. 왕대와 솜대는 땅속 0.6미터 깊이로, 죽순대는 1미터 깊이로 깊게 뻗지만 오죽은 0.4미터 깊이로 얕게 뻗는다. 땅속줄기가 뻗는 깊이는 지형과 토질에 따라 다르다. 경사지나 모래땅에서는 보다 깊이 뻗는 경향이 있고, 지하 수위가 높은 대숲에서는 얕아지며 좋은 대숲일수록 깊어지는 경향이 있다.

땅속줄기는 대단히 길며 그물처럼 얽혀 있다. 실험적으로 땅속줄기를 파 보니 굵은 왕대숲에서는 면적 1제곱미터 내에 살아 있는 땅속줄기가 4미터, 죽은 땅속줄기가 5미터로 모두 9미터가 뻗어 있었고, 가는 왕대숲에서는 살아 있는 것이 5.5미터, 죽은 것이 5미터로 모두 10.5미터가 뻗어 있었다. 이처럼 땅속줄기는 굵은 대숲보다 가는 대숲에서 더 길어지는 경향이 있다.

땅속줄기의 굵기는 대숲의 좋고 나쁨을 구별하는 기준이 된다. 즉 땅속줄기가 약간 굵어지면 땅위줄기는 훨씬 더 굵어진다. 예를 들어 왕대숲에서 땅속줄기의 지름이 3센티미터이면 땅위줄기의 지름은 그 4배인 12센티미터로 굵어지고, 4.5센티미터이면 18센티미터로 굵어진다. 이처럼 땅속줄기의 굵기는 땅위줄기의 굵기에 큰 영향을 미친다. 그런데 땅위줄기가 굵은 대숲에서 땅속줄기는 가늘고 가볍지만 더 길게 뻗는다.

땅속줄기는 여름에 자란다. 즉 죽순이 완전히 자라서 성숙한 뒤인 7, 8월에 왕성하게 자라고 기온이 낮아지는 11월에 멈춘다. 1년 동안 자라는 길이는 짧은 것이 14센티미터, 긴 것이 440센티미터에 이른다. 땅속줄기는 땅속의 깊이에 관계없이 새 것이 나오지만 깊은 곳보다 얕은 곳에서 더 많이 나온다. 그리고 땅속줄기가 새로 돋아나는 부위는 각각 다르다. 즉 1년생 땅속줄기의 끝에서는 두세 개씩, 2, 3년생 땅속줄기의 중간에서는 한 개씩, 그리고 새로운 땅속줄기가 계속해서 자라는 경우가 있다. 또 땅위줄기의 밑뿌리에 붙은 눈이 싹터서 새 땅속줄기가 되어 퍼져 나가는 경우도 있다. 이러한 예는 개화한 대나무가 죽은 다음 회복기에 생긴 회초리 같은 세죽의 밑뿌리나, 노쇠하여 활력이 떨어진 대나무를 옮겨 심었을 때 볼 수 있다.

땅속줄기가 땅속에서 뻗는 모습을 자세히 보면, 아래로 자랐다가 위로 자라고 다시 아래로 자라는 등 물결치듯이 자란다는 것을 알 수 있다. 자라는 과정에서 우연히 땅 위로 뻗은 땅속줄기는 광합성 작용에 의해 녹색을 띠며 속이 텅 빈 것도 있다.

땅속줄기의 마디에 붙은 눈은 싹이 터서 죽순이 되며, 이것은 다시 땅위줄기가 되거나 새 땅속줄기가 된다. 비옥한 왕대숲을 조사한 결과, 면적 1제곱미터 내에 뻗은 7.2미터의 땅속줄기는 죽순으로 15개, 땅속줄기로 10개, 활동하지 않은 채 머물러 있는 눈이 123개, 그리고 떨어져 없어진 눈이 18개로, 모두 166개의 눈을 가지고 있었다. 따라서 전체 눈 가운데 죽순으로 싹튼 눈이 9퍼센트, 땅속줄기로 자란 눈이 6퍼센트였다. 이 결과로 보아 대숲의 좋고 나쁨은 땅속줄기에 붙은 눈에 달려 있음을 알 수 있다.

땅속줄기에 붙은 눈은 굵은 땅위줄기도 될 수 있고 죽거나 생장을 멈출 수도 있다. 눈에서 죽순이 생기는 땅속줄기의 연령은 왕대가 7~10년, 솜대가 5~6년, 그리고 죽순대가 6~9년으로 알려져 있다. 가장 많은 죽순을 만드는 땅속줄기의 연령은 왕대와 죽순대가 3년이고 솜대가 1, 2년이며 그보다 나이가 더 들면 죽순의 생산이 적어진다.

땅속줄기는 눈에 보이지 않으므로 소홀하게 다루기 쉽다. 그러나 앞에서 설명한 바와 같이 땅속줄기의 굵기와 눈의 수 및 활력도에 따라 땅위줄기의 굵기와 수가 결정되므로 대숲을 관리하는 사람들은 땅속줄기가 건강하게 자라도록 힘을 기울인다.

잎

댓잎은 종류에 관계없이 늘 푸르며 납작하고 가죽질이며, 밑뿌리가 동그랗고 끝이 뾰족한 양면도(兩面刀) 모양을 하고 있다.

잔가지〔細枝〕에 손바닥을 편 것처럼 붙는 잎의 수는 대나무의 종류에 따라 약간 다르다. 왕대는 5～6장씩, 솜대는 4～5장씩, 그리고 죽순대는 2～8장씩 붙는다. 잎의 표면은 선녹색이고 뒷면은 엷은 흰색을 띤다.

왕대 잎의 한 장 넓이는 약 10제곱센티미터이고 솜대와 죽순대보다 다소 넓은 편이다. 한 장의 엽신(葉身, 잎몸) 밑부분에는 가는 파이프 모양의 잎싸개가 여러 장의 잎이 붙은 잔가지를 빙 둘러싸고 있다. 잎싸개의 구연부에는 많은 수의 털, 곧 견모가 붙는데 이 견모의 모양과 색, 붙는 각도, 붙어 있는 기간 등은 대나무 분류의 중요한 기준

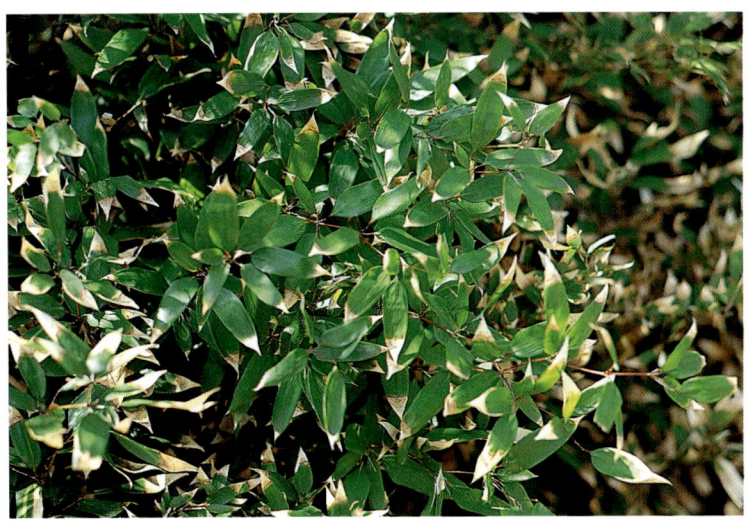

냇잎 댓잎은 송류에 관계없이 늘 푸르며 납작하고 가죽질이며, 끝이 뾰속한 양면도 모양을 하고 있다.

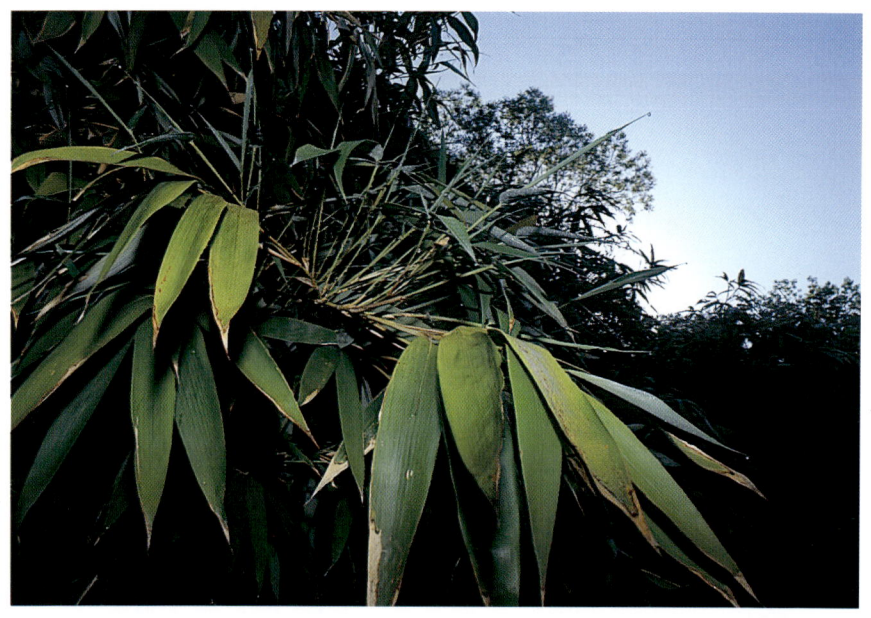

죽순대 잎   죽순대는 보통 2~8장씩 잎이 붙는데, 잎의 표면은 선녹색이고 뒷면은 엷은 흰색을 띤다.

이 된다.

모든 식물이 그러하듯 잎은 영양분을 만드는 공장이고, 수증기를 뿜어내어 증산을 하며, 잎과 가지와 줄기가 모여서 바람을 막는 구실을 한다. 대나무의 진짜 아름다움은 곧은 줄기와 선녹색의 잎이 함께 어우러졌을 때 볼 수 있다.

대나무가 사람들의 눈길을 끄는 부분은 줄기뿐만 아니라 칼날같이 단정한 모양의 선녹색 잎이다. 잎은 한 장이 아니고 무리지어야 더욱 돋보인다.

성질과 재질

대나무는 탄성(彈性)이 뛰어나고 단단하며 쉽게 썩지 않는다. 센 바람엔 거의 꺾일 듯이 휘지만 바람이 자면 아무 일도 없었다는 듯이 다시 곧게 서는 까닭은 재질에 탄성이 있기 때문이다. 대나무를 쪼갠 대오리를 한 손에 잡고 다른 손으로 휘었다 놓으면 탄성이 있어서 다시 곧게 펴진다.

대나무는 대부분 섬유(纖維)와 규소(硅素)로 이루어져 있어 단단하고 질기다. 이러한 성질 때문에 죽세공이 발달하였다. 또한 대나무는 쉽게 썩지 않기 때문에 흙 속에 박는 말뚝으로 이용되고 있다. 대나무의 땅위줄기가 지니는 탄성, 견고성(堅固性) 및 내부성(耐腐性)은 빽빽한 대숲보다 성긴 숲에서 자란 대나무가 더 높다. 왜냐하면 햇빛을 많이 받고 자란 대나무는 세포벽이 두껍고 튼튼하기 때문이다.

요즈음 대나무의 소비가 적어지자 숯, 곧 죽탄(竹炭)으로 만들려는 연구가 임업연구원에서 진행되고 있다. 죽탄의 열량은 1그램당 4,600~5,400칼로리의 열을 발산하므로 상수리나무나 신갈나무로 만든 참숯보다 연료 가치가 높다고 한다. 또 대나무를 이용하여 종이를 만들려는 연구도 하고 있는데, 대나무의 섬유 길이는 펄프의 원료로 쓰이는 소나무만큼 길어서 좋은 종이를 만들 수 있기 때문이다. 그러나 대나무 속에 규소가 많아 제지 공정에서 파이프를 막게 되므로 공업화하지 못하고 있다.

연령

대나무의 땅위줄기에는 나이테(年輪)가 없으므로 몇년생인지 알기가

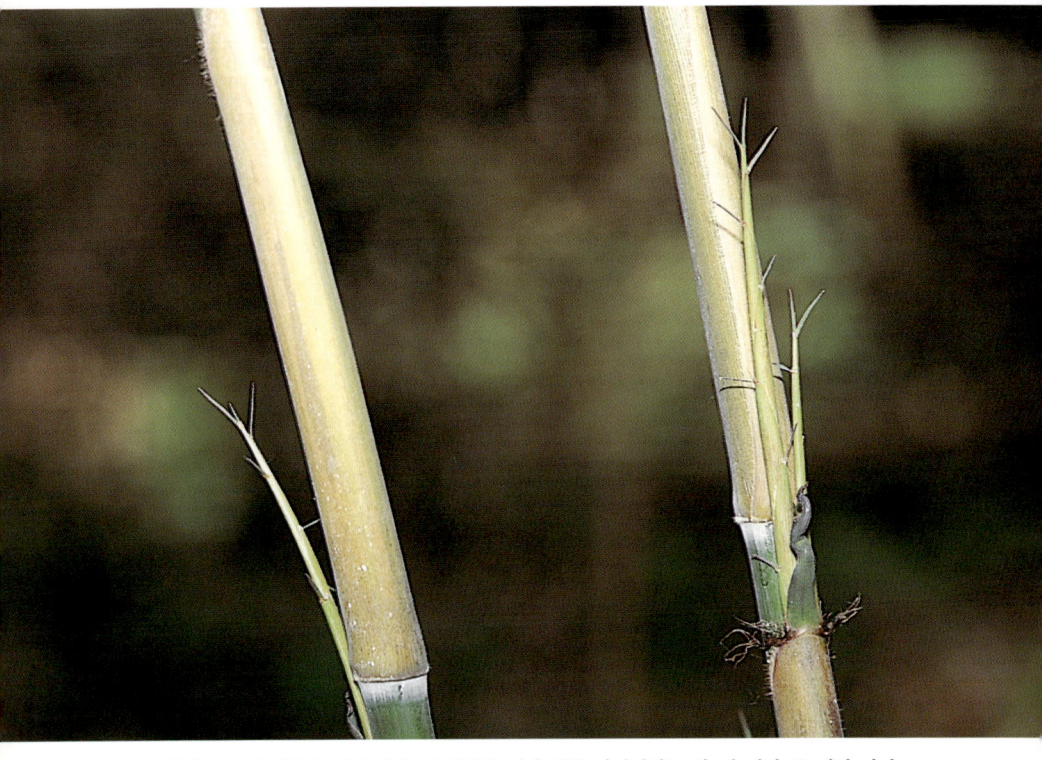

왕대의 가지 나오기 죽순이 높이 자람에 따라 위쪽 마디에서는 한 개 내지 두 개의 가지
가 나온다.

매우 어렵다. 그런데 가지의 잎이 붙은 밑부분을 자세히 관찰하면 몇년
생인지를 알 수 있는 흔적이 보인다.

실제로 왕대의 줄기가 몇년생인지 알아 보자. 위의 사진은 1년생 땅
위줄기에서 가지가 나오는 모습이다. 줄기에서 곧바로 나온 가지를 제1
지라 하는데 위의 사진은 제1지가 나오는 모습이다. 그 첫째 마디에서
나온 가지를 제2지라 하며, 제2지의 첫째 마디에서 갈라진 가지를 제3

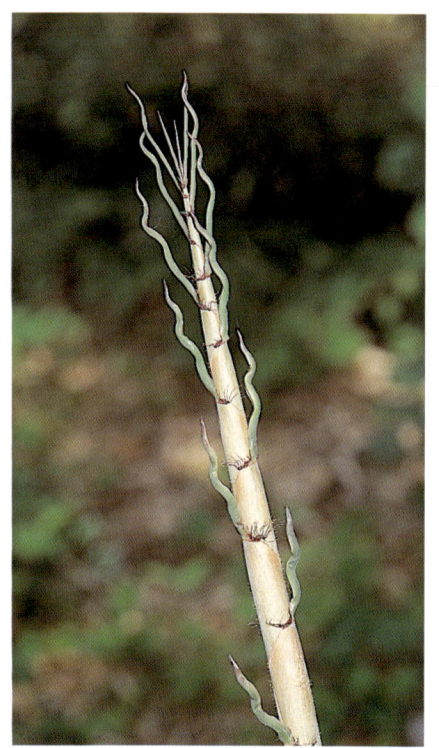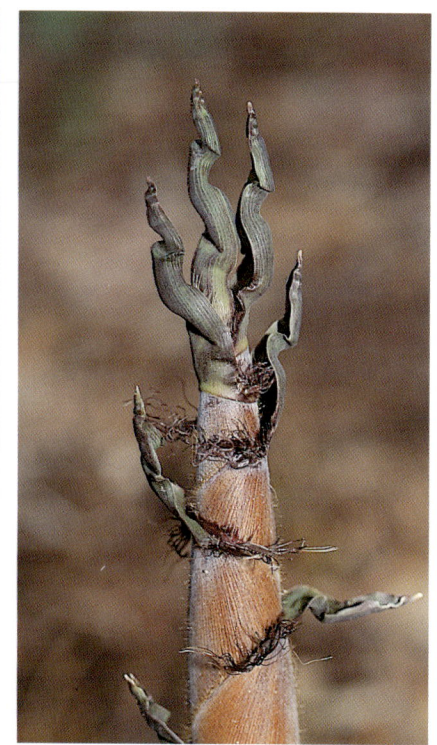

죽순의 끝에 붙은 혀잎 솜대(왼쪽)는 가늘고 왕대(오른쪽)는 크다.

지라 하고, 제2지와 제1지의 갈림점에서 나온 가지를 제4지라고 한다. 죽순이 나오는 첫해에는 보통 제1지에서 제3지까지 나오지만 드물게 제4지가 나오는 수도 있다.

이듬해 봄에는 제2지, 제3지 또는 제4지의 첫째 마디와 둘째 마디에서 꼬마 가지가 나와서 잎이 돋아난다. 그리고 얼마 뒤에 꼬마 가지의 밑뿌리 끝에 있던 전해의 꼬마 가지가 떨어진다. 그리고 떨어진 자리에 비늘 모양의 흔적이 생긴다.

그리고 3년째 봄에는 2년생 줄기와 마찬가지로 2년생 가지의 첫째 마디와 둘째 마디에서 새 꼬마 가지가 나온다. 그리고 새 꼬마 가지의 밑뿌리 끝에서 2년생 가지가 떨어지고 떨어진 자리에 다시 비늘 모양의 흔적이 생긴다.

이렇게 하여 해마다 한 개씩 흔적이 생기면서 가지가 조금씩 자란다. 그런데 2년생 이후에 생기는 꼬마 가지의 길이는 매우 짧아진다. 따라서 꼬마 가지에 생긴 비늘 사이의 짧은 간격을 감안한 다음 그 수를 세면 몇년생인지를 짐작할 수 있다.

분포

대나무는 주로 열대, 아열대 그리고 온대에 걸쳐 분포하며 남반구와 북반구에 다 같이 분포한다. 남반구에는 남미(브라질, 베네수엘라)나 기니, 뉴질랜드 등에 분포하는데 북반구에서 자라는 종류와 다르다. 북반구에는 아시아의 계절풍 지대에 100종류 이상이 분포한다. 수직적으로는 평지에서부터 히말라야산의 3,000미터 이상, 남미 안데스산의 5,000미터까지 분포한다. 뉴질랜드의 경우 높은 산의 중복(中腹, 산의 중턱)에 울창한 대숲이 널리 분포하고 있다.

한편 우리나라에서는 왕대와 솜대의 화석이 300만 년에서 1200만 년 전의 중신세(中新世)와 200만 년 전의 홍적세(洪積世)에 나타나고 있다. 흔히 학자들은 왕대와 솜대의 원산지가 중국이라고 주장하지만 우리나라에 지질시대의 대나무 화석이 묻혀 있었던 사실로 보아 한반도가 원산지였던 때도 있었다고 여겨진다. 그러나 우리나라의 왕대와 솜대는 사람이 옮겨 심고 거름을 주며 흙을 북돋아 주는 등 비배 관리(肥

培管理)를 하여야 무성한 대밭으로 유지되기 때문에 현재는 우리나라가 원산지라고 말하기는 어렵다.

우리나라의 기온은 중신세가 현재보다 따뜻하였고, 홍적세 때는 추웠으며, 빙하기와 간빙기가 몇 번씩 왔다갔다 하며 큰 변화가 있었다. 따뜻한 중신세에는 살아 있는 화석 식물로 알려진 은행나무나 메타세쿼이야(Metasequoia glyptostroboides)가 전세계에 분포하였지만 빙하가 휩쓴 홍적세에는 얼어 죽거나 남쪽으로 밀려나 생명을 겨우 부지하였다. 은행나무나 메타세쿼이야처럼 왕대와 솜대도 중신세에는 우리나라가 원산지였다가 홍적세의 빙하기 때 얼어 죽은 다음 현세(現世, 충적세)에 다시 중국에서 옮겨 심은 것으로 해석된다.

원산지가 중국인 죽순대는 사람의 손길이 닿지 않는 중국의 상해 남쪽 지방 여기저기에 흩어져 있다. 죽순대는 1822~36년경 중국에서 일본의 유구(琉球)를 거쳐 교토(京都)에 들어갔다가, 1898년 부산 대신동에 옮겨진 다음 남부지방에 옮겨 심었다는 기록이 있다. 현재 죽순대는 기후가 온화한 거제도에 많고 전라북도 익산에 있는 죽순대밭이 가장 북쪽에 위치한다.

우리나라에서 왕대와 솜대는 해안선을 따라 동해와 서해의 북쪽에 분포되어 있고, 바다에서 먼 내륙쪽은 남쪽으로 내려가면서 말굽형으로 나타난다. 대숲은 서해안보다 동해안쪽이 더 북쪽으로 올라가 있으며 강원도 고성군 현내면에 북한계가 위치한다. 이보다 남쪽에 위치한 강릉 오죽헌에는 아름다움을 자랑하는 오죽이 있으며 동해, 삼척, 울진을 거쳐 포항, 울산으로 내려갈수록 좋은 대숲이 분포한다. 특히 경주의 토함산에서 발원하여 동해로 흐르는 대종천 그리고 울산만으로 흐르는 형산강의 하천변에는 강물에 닿을 듯이 길게 줄을 이은 대숲이 분포하고 있다.

서해안 쪽으로는 당진과 서산, 태안에 대숲이 있고 광천, 대천, 서천

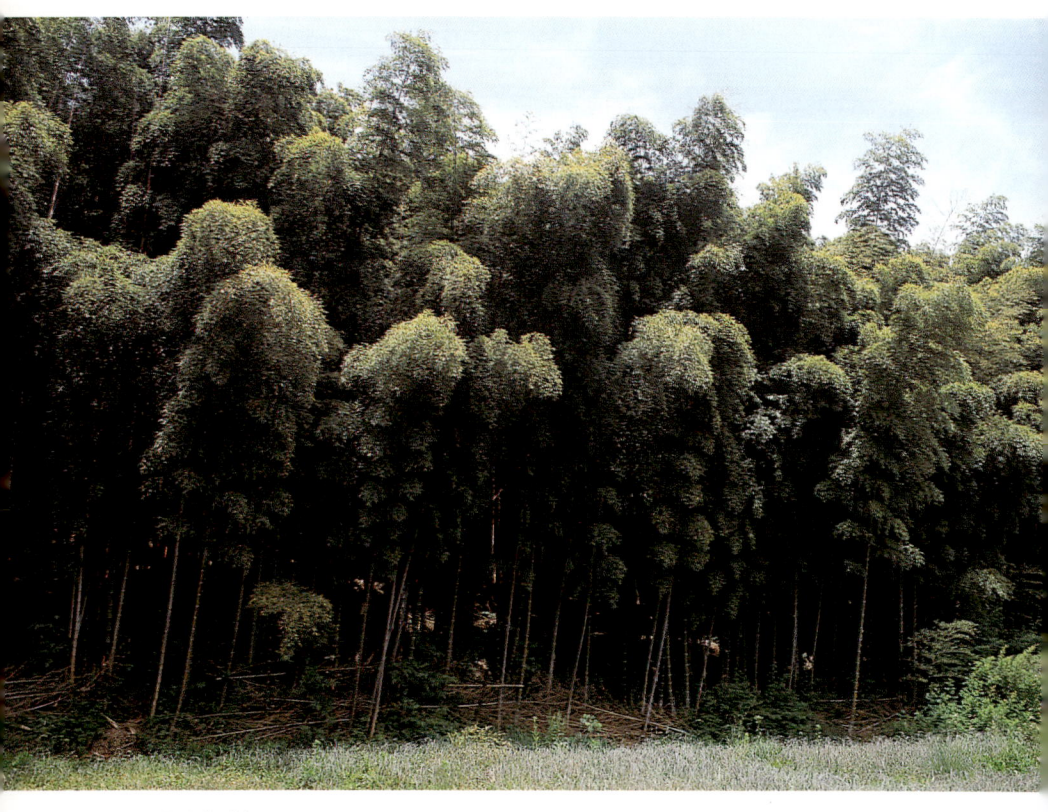

울창한 대숲 우리나라의 대숲은 남쪽 지방으로 내려갈수록 크고 굵게 자란다.

을 거쳐 군산에 이르면 제법 좋은 대숲이 나타난다. 이처럼 대숲이 동해와 서해의 해안을 따라 북상하는 원인은 온난한 난류(暖流) 때문인 것으로 해석된다.

그런데 당진과 거의 같은 위도상에 있는 천안에도 대숲이 있으며 그보다 남쪽의 공주와 대전은 내륙인데도 좁은 대숲이 분포한다. 이 지역이 대나무에 혹독한 환경인데도 분포하는 이유는 사람이 잘 관리하기 때문이다. 그러므로 한반도에서 왕대와 솜대의 북한계는 당진, 천안, 옥천, 김천, 대구, 영천, 강릉을 잇는 선으로 그어진다. 이 북한계선은 1월의 평균 기온이 섭씨 영하 2도인 등온선과 대체로 일치한다. 대나무는 북한계에 가까울수록 키가 낮고 줄기가 가늘어지며, 겨울에 동해를 입기 쉽고 숲의 넓이가 좁아진다.

그리고 남쪽 지방으로 내려갈수록 크고 굵게 자란다. 특히 영산강 줄기인 전라남도의 담양과 금성, 섬진강 줄기의 구례, 곡성, 하동, 남강 줄기의 산청과 진주에 좋은 대숲이 분포한다. 남쪽으로 갈수록 대나무는 잘 자라지만 제주도만은 그렇지 못하다. 왜냐하면 대나무는 많은 수분을 요구하여 하천을 따라 좋은 대숲이 분포하는데 제주도는 지반이 현무암이므로 보수력(保水力)이 작고 또한 바람이 너무 세게 불어서 좋은 대숲을 지탱하기 어렵기 때문이다.

한편 조릿대, 갓대, 신이대 등은 대단히 추운 곳에도 분포한다. 특히 신이대는 함경북도 명천군에도 분포한다. 이들은 겨울에 눈이 많은 동해안이나 울릉도에 많으며, 하나의 산에서도 서북 사면(斜面)의 눈이 바람에 의해 능선을 넘고 동남쪽 사면에 쌓이면 그 비탈에서 특히 잘 자라는 경향이 있다.

기후(온도)

열대나 온대지방에 분포하는 대나무는 낮은 온도와 적은 강수량에 의해 피해를 받는다. 더구나 우리나라의 대숲은 북한계에 인접해서 분포하므로 온도의 영향을 받기 쉽다.

대숲이 건강하게 유지되는 연평균 기온은 섭씨 10도이다. 그런데 대나무를 비롯하여 모든 식물에 영향을 미치는 온도는 평균 기온이 아니라 최고 기온과 최저 기온이다. 예를 들면, 왕대가 생존하는 온도 범위는 섭씨 영하 10도에서 영상 34도 사이로, 우리나라와 같은 대나무의 북한계에서는 최고 기온보다 최저 기온이 생존을 더 위협할 수 있다. 대나무가 사는 최저 한계 온도는 왕대가 섭씨 영하 10도이고, 솜대가 영하 15~16도, 죽순대가 영하 18도로 알려져 있다.

이러한 최저 한계 온도는 대나무의 종류에 따라 분포 한계를 결정하는 요인이 된다. 대숲이 남향받이나 방풍림(防風林, 바람을 막기 위하여 가꾼 숲, 바람막이 숲)에 가려 북풍받이에 있으면 최저 한계 온도보다 낮은 온도에서도 생존할 수 있다. 솜대의 북한계인 강원도 고성군 현내면의 솜대숲은 영하 24도에서 생존하는 대표적인 예이다.

대나무가 최저 기온 또는 극한적 저온에 놓이면 잎세포에서 물이 세포 사이로 빠져나와 얼음으로 변한다. 얼음은 물보다 부피가 크기 때문에 세포질에 압력을 가하여 세포를 죽게 한다. 죽은 세포는 물을 다시 흡수하는 능력이 없으므로 잎이 말라 버린다. 이러한 일련의 변화를 거치면 대나무는 동해를 입게 된다.

낮은 온도에서는 잎의 광합성 능력이 떨어져서 유기물 합성이 정지되고 뿌리의 수분 흡수 능력이 떨어져서 수분 부족을 가져오며, 해동한 뒤에는 잎이 말라 떨어진다. 이처럼 좋지 않은 조건이 되풀이되면 대나무는 죽게 되며 분포가 제한된다. 이와 같이 대나무는 온도의 영향을 많이 받기 때문에 우리나라의 대숲은 1월의 평균 기온이 섭씨 영하 2도의 등온선보다 남쪽에 분포하는 것이다.

봄이나 가을에 울창한 대숲에 들어가면 상쾌함을 느낀다. 왜냐하면 숲속의 기온이 낮기 때문이다. 대숲에서 기온의 수직 분포를 측정하면 그림 2에서 보는 것처럼 정단(頂端, 맨꼭대기)이 가장 높고 밑으로 내려갈수록 낮아진다.

실제로 기온의 수직 분포를 측정한 예를 보면 정단에서 섭씨 26도였

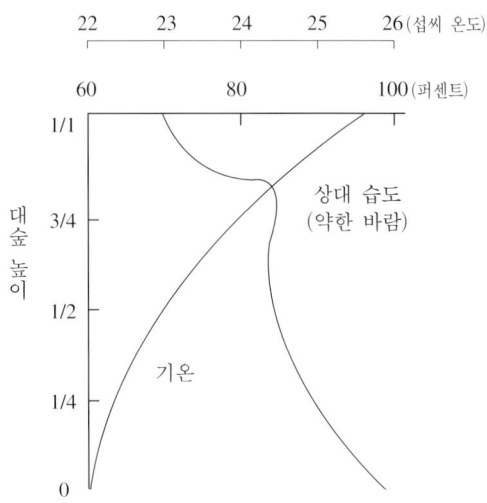

그림 2. 대숲 속의 기온과 상대 습도의 수직 분포

고, 내려옴에 따라 차츰 낮아져 임상에서 섭씨 22도가 되어 4도의 차이가 생겼다. 한편 대숲의 밖에서 안쪽으로 들어가면 기온이 점점 낮아진다. 실제로 숲의 주변부의 기온이 섭씨 28도일 때 11미터의 안쪽은 섭씨 24도로 낮아졌다. 따라서 여름에 대숲 속으로 들어가면 기온은 낮지만 그림 2에서 보는 것처럼 상대 습도가 높고 바람이 약해 찌는 듯한 불쾌감을 느낀다.

대숲 속은 위쪽이 수관으로 막히고 옆쪽이 가지로 차단되거나 밀폐되어 있어 그 속으로 바람이 들어가기가 어렵다. 그런데 바람이 불지 않으면 공기 유통이 원활하지 못하여 광합성이 저해된다. 일반적으로 댓잎이 광합성을 하면 잎 표면의 기공을 통하여 이산화탄소가 빨려 들어가고 산소가 방출되므로 잎 표면층(boundary layer)에서는 이산화탄소 농도가 얕아진다. 이때 약한 바람이 불어서 난류가 생기면 공기를

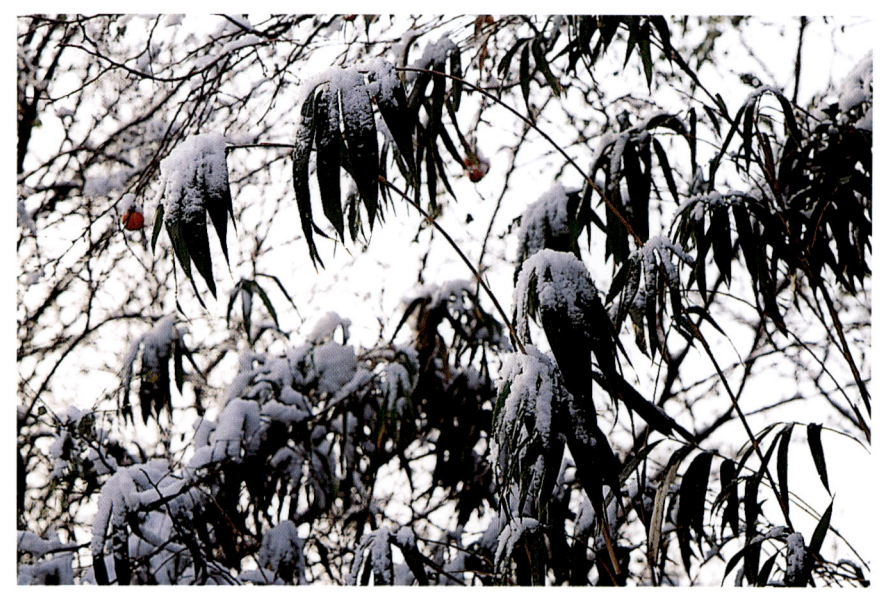

눈을 맞은 대나무 겨울에 많은 눈이 내려 대나무의 수관에 쌓이면 줄기가 견디지 못하고 꺾이고 만다.

순환시켜 주므로 표면층의 이산화탄소 농도가 정상을 유지하게 된다. 그러므로 미풍(微風)이 불어야 광합성이 원활하게 일어난다.

태풍과 같이 강풍이 불면 강인한 땅위줄기도 부러지고 만다. 또한 땅위의 지엽부가 세차게 흔들리면 땅위줄기는 땅속줄기의 접착부가 끊어져 쓰러진다. 세찬 태풍이 휩쓸고 지나간 대숲은 꺾이고 쓰러진 줄기와 뜨거운 물에 데친 듯한 잎들로 아수라장이 된다. 이렇게 센 바람이 아니더라도 계속해서 바람을 맞으면 증산량이 많아져서 수분 수지가 깨질 수 있다. 바람이 적은 곳에 좋은 대숲이 형성되는 이유가 여기에 있다. 대체로 초당 10미터의 바람이 1년에 100일 이상 부는 곳에는 좋은 대숲이 생기지 않는다.

한편 겨울에 내린 많은 눈이 대나무의 수관에 쌓이면 줄기가 견디지 못하고 꺾이고 만다. 그러나 대나무가 눈의 무게를 이기지 못하고 부러지는 경우보다 눈발이 몽글몽글하게 습기를 머금은 것이 더 큰 피해를 준다. 성글게 서 있는 대나무는 가지가 밑부분에 내려 붙기 때문에 눈의 피해를 더 받는다.

바람과 눈의 피해를 크게 받은 대숲은 이듬해에 죽순이 가늘어져 마치 개벌(皆伐)한 대숲과 같은 역효과가 나타난다. 한 번 폭풍이나 폭설의 피해를 받은 대숲은 회복하는데 여러 해가 걸린다.

수분

대나무는 물을 많이 요구하는 식물이다. 좋은 대숲이 유지되려면 연강수량이 1,500~2,000밀리미터가 되어야 한다. 우리나라의 연강수량은 제주도가 1,600밀리미터이고 대부분의 육지는 1,200밀리미터로, 좋은 대숲이 유지되기 위한 강수량이 다소 부족한 편이다. 좋은 대숲은 평지나 하천변에 분포한다. 대나무는 다른 식물과 같이 잎에서 증산을 하고 땅 표면에서 증발을 하여 물을 공기중으로 날려 보낸다. 대숲에서 일어나는 증산량(蒸散量)과 증발량(蒸發量)을 합하여 증발산량(蒸發散量)이라고 하는데 숲이 건강하게 유지되려면 강수량이 증발산량보다 많아야 한다.

대숲에서 증산량을 측정할 때는 먼저 대숲에 물이 새지 않는 큰 탱크를 묻고 대나무를 조심스럽게 옮겨 심고 흙을 채운다. 이 탱크의 밑부분에 일정한 높이의 물이 유지되도록 저장 물탱크에 연결한다. 이러한 장치를 라이시미터(Lysimeter)라고 한다. 라이시미터의 흙탱크에 수분 함량을 측정하는 감응부(感應部)를 묻고는 자동 기록기에 연결하여 증발산량을 측정한 다음 대나무의 잎에서 내보내는 증산량을 연속적으로 기록한다. 한편 라이시미터의 옆에는 땅 표면에서 증발하는 수분량을 측정하는 증발계를 묻는다.

라이시미터를 이용하여 측정한 대나무의 증산량은 낮과 밤이 다르며 낮이 밤보다 2배 더 많다. 또한 대숲의 밀도에 따라 다르며 성기게 서 있는 대숲이 배게 서 있는 것보다 많다. 실제로 1제곱미터의 라이시미터에 1.6개체와 6개체를 심었을 때 하루 동안에 각각 2.0리터와 1.4리터의 물을 증산하였다(이 수분량에는 땅 표면에서 잃은 증발량이 포함되어 있지 않다). 이 결과를 대나무 1개체당 증산량으로 계산하면 각각 1.3리터/개체·일과 0.23리터/개체·일로 된다. 즉 배게 서 있는 대숲에서는 성기게 서 있는 것보다 1개체당 약 1/5로 증산량이 감소된 셈이다. 이와 같이 대나무의 밀도에 따라 증산량이 달라지는 원인은 무엇인지 알아 보자.

대나무의 증산량은 햇빛의 세기에 따라 달라진다. 즉 댓잎의 증산량은 햇빛이 약하거나 세면 적어지고 적당한 세기에서 가장 많아진다.

그림 3에서 보는 바와 같이 대숲의 증산량은 햇빛이 5킬로럭스(klux)에서 100밀리리터인데, 20킬로럭스로 세어지면 200밀리리터로 증가하였다가 25킬로럭스가 되면 오히려 100밀리리터로 낮아진다. 대숲의 증산량은 적당한 햇빛, 곧 최적 햇빛에서 최대가 된다.

이와 같이 증산량이 햇빛의 세기에 따라 달라지는 원인은 기공(氣孔, 숨구멍)이 열려 있는 정도(開度)로 결정된다. 잎의 증산은 기공을 통해서 이루어지는데 기공이 크게 열리면 증산량이 많아지고 좁게 닫히면 적어진다. 보통 기공은 밝은 햇빛 밑에서 열리고 어두우면 닫힌다. 그런데 댓잎의 기공은 어두우면 닫히고 햇빛이 세어짐에 따라 크게 열렸다가 더욱 세어지면 다시 닫히기 시작하여 극히 센 햇빛에서 약간만 열린 채 머문다. 그림 4는 대숲이 받는 햇빛의 세기와 기공의 개도를 보

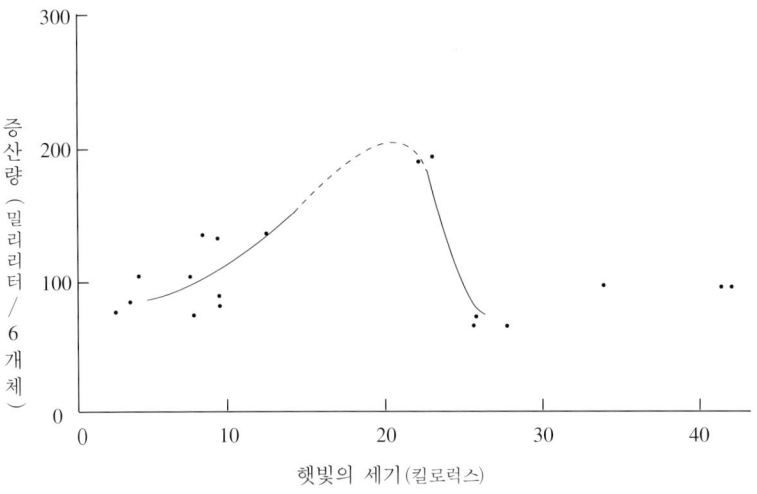

그림 3. 대숲에서 햇빛의 세기와 증산량의 관계

여 준다. 즉 약한 햇빛에서는 기공이 닫혀 있다가 햇빛이 9.5킬로럭스에서 가장 크게 열리고 더욱 햇빛이 세어지면 닫히기 시작하여 25킬로럭스에서는 약간만 열린 채 머물러 있다.

대숲 속으로 비치는 햇빛의 수직 분포는 그림 5의 왼쪽에서 보는 바와 같이 숲의 정단으로부터 밑으로 내려옴에 따라 기하 급수적으로 급격히 감소된다. 예를 들면 숲의 정단(1/1 높이)에서의 햇빛의 세기를 100이라고 하면 3/4높이로 내려오면 50퍼센트, 1/2높이에선 10퍼센트 그리고 1/4높이에서는 2~3퍼센트로 약해진다. 그래서 청명한 날의 증산량은 그림 5의 오른쪽에서 보는 바와 같이 대숲 높이의 3/4에서 가장 많고, 그 높이보다 위로 올라가거나 아래로 내려옴에 따라 감소된다. 왜냐하면 3/4높이에서는 최적 햇빛이 비쳐서 기공이 개도가 가장 크게 열리고 정단에서는 햇빛이 너무 세어서 기공이 약간 닫히며, 3/4

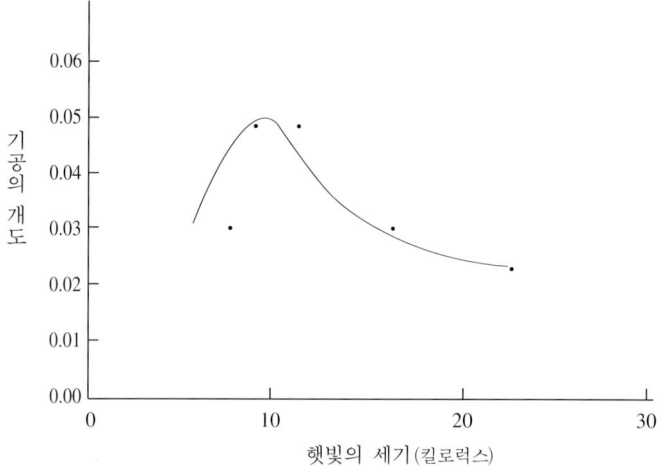

그림 4. 햇빛의 세기와 기공의 개도 관계

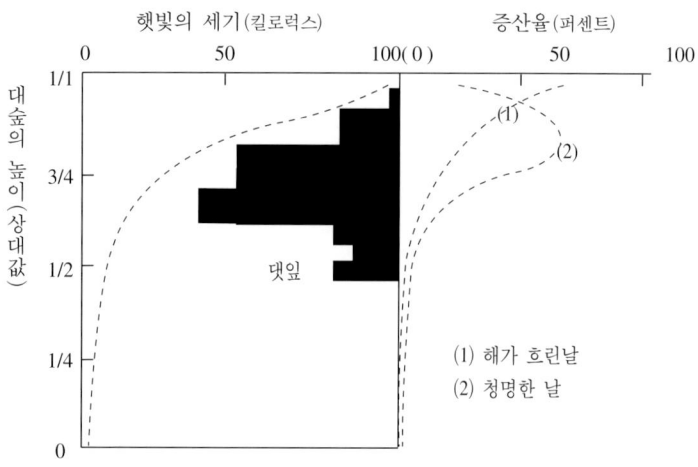

그림 5. 대숲 속으로 투입하는 햇빛의 세기

포장 용수량을 나타낸다. 이처럼 대숲의 토양은 물이 부족해도 안 되지만 지하 수위가 높거나 배수가 지나치게 잘 되어도 생육이 저하된다.

대나무의 생산지로 이름난 담양에서는 가뭄이 들면 편평한 대숲에 관개(灌漑)를 하여 물을 보충한다. 가뭄에 봉착한 사과나무의 경우 관개를 하면 광합성과 증산이 곧 정상으로 회복되지만 관개를 안 하면 각각 50퍼센트와 25퍼센트만큼 낮아진다. 하물며 죽순이 왕성하게 자라는 6월에 가뭄이 계속된다면 대숲의 관개 효과는 사과나무에 못지않게 클 것이다.

조도

햇빛은 대나무의 광합성과 증산에 영향을 미친다(그림 3 참조). 대숲에 비치는 햇빛의 수직 분포는 그림 5에서와 같이 정단에서 100퍼센트로 비치고 밑으로 내려옴에 따라 급격히 감소되어 임상에서 2~3퍼센트만 비친다. 또 수평 분포는 대숲 밖에서 햇빛이 100퍼센트이고 안쪽으로 들어옴에 따라 급격히 약해져서 2, 3미터의 내부에서는 2~3퍼센트로 감소된다. 대숲 속에서 대나무가 성기게 서 있으면 센 햇빛이 들어오고 배게 서 있으면 약한 햇빛이 들어온다. 센 햇빛을 받은 땅위줄기는 짧아지거나 굵어지며 가벼워지고 마디사이의 길이가 짧아진다. 그러나 배게 서 있는 대나무는 그와 반대의 반응을 나타낸다. 성기게 서 있는 대숲의 줄기는 세포벽이 두껍고 재질의 강도가 높으며 탄성이 크고, 죽재(竹材)의 섬유 길이에 대한 너비의 비가 커지며 부패에 견디는 성질이 있다. 그리고 가지가 옆으로 넓게 뻗어서 수관이 벌어진다.

한편 지하고의 높이도 햇빛의 세기에 의해 결정된다. 이 현상을 발견하게 된 동기가 대숲의 주변부 또는 울타리에 서 있는 대나무는 땅 위

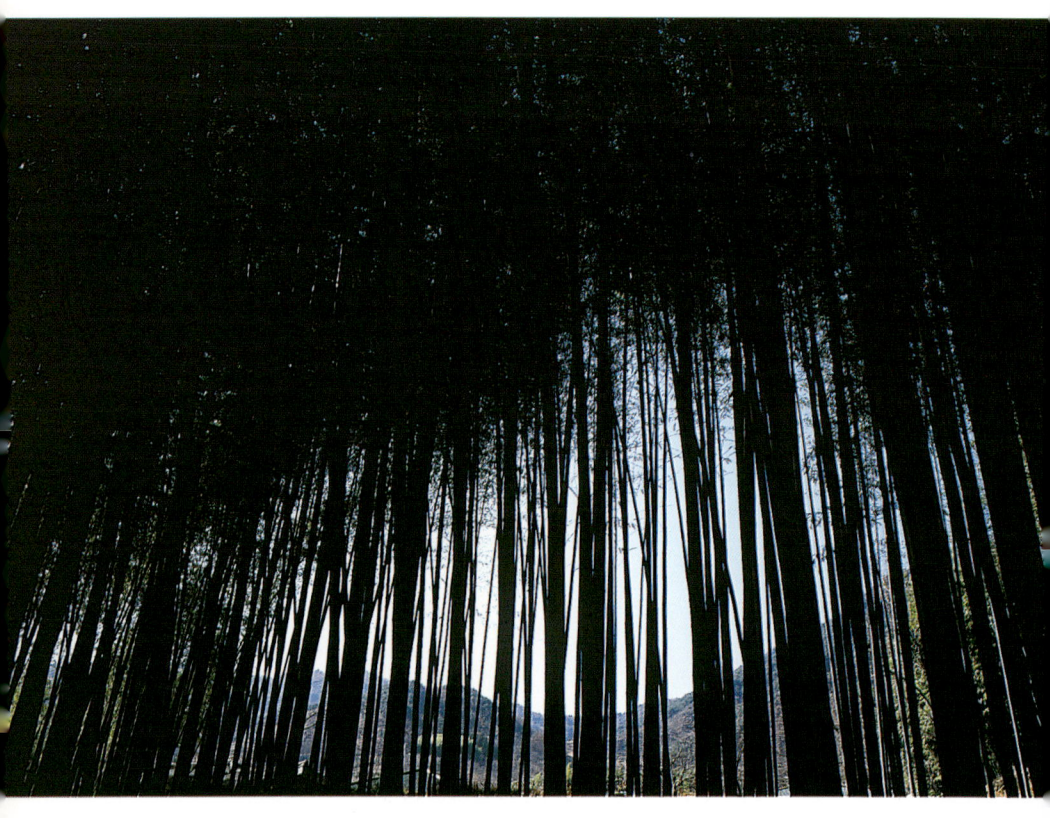

어둑한 대숲 대숲에 햇빛이 약하게 비추면 지하고 높이가 높아진다.

까지 가지를 붙이는데 반해 안쪽으로 들어갈수록 지하고가 높아지는 것은 햇빛과 관계가 있을 것이라는 가설에서 나왔다.

실험적으로 햇빛을 많이 받는 대숲 주변부에서 돋아나는 죽순 위에 1미터 길이의 검정색 원통을 씌워 햇빛을 가려놓았다. 죽순이 자란 뒤에 원통을 씌운 대나무와 씌우지 않은 것의 지하고를 비교한 결과 씌우지 않은 지하고 높이 100에 대하여 씌운 것의 높이가 132만큼 높았다. 마

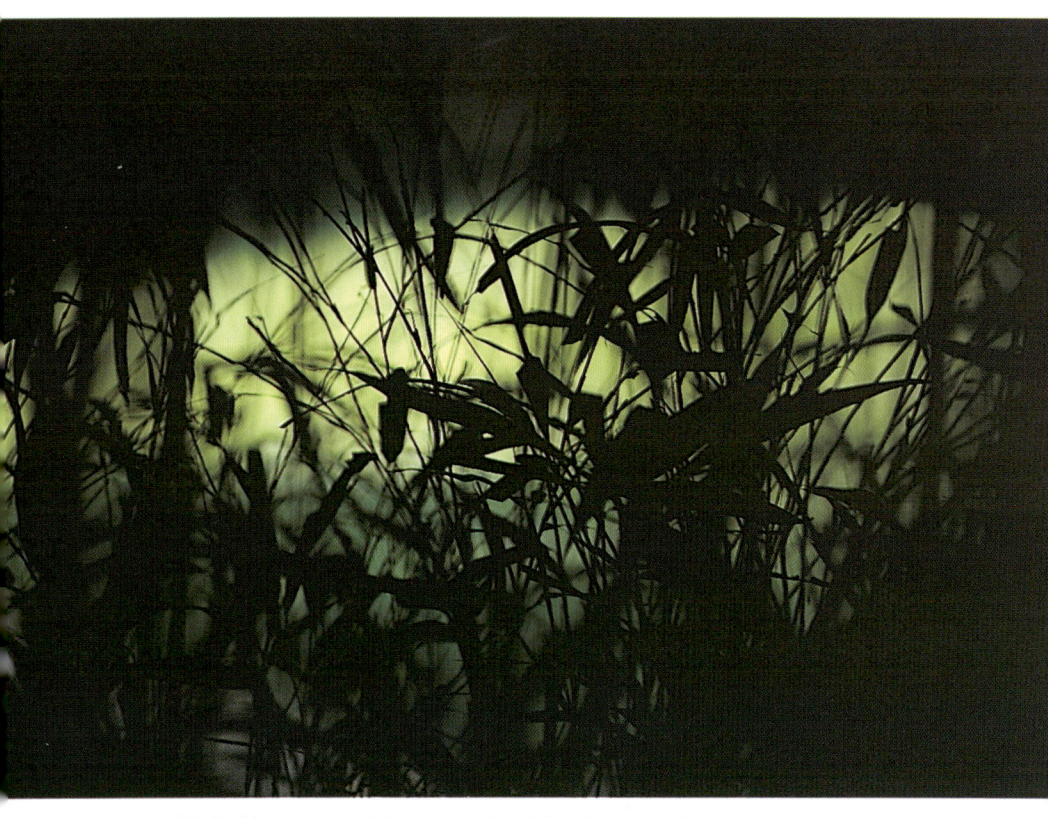

어둑한 대숲 햇빛이 약하게 들어가는 대숲에서는 땅위줄기의 마디 수가 많아진다.

디의 수를 비교한 결과 전자의 100개에 대하여 후자는 123개로 증가하였다. 이 결과를 통해 대숲 주변부의 센 햇빛을 받은 죽순은 가지를 줄기 밑까지 붙여서 숲속의 햇빛, 공중 습도, 바람 등을 안정하게 유지하도록 조절하고 숲 내부에서 약한 햇빛을 받은 죽순은 지하고를 높게 유지하여 다른 대나무보다 많은 햇빛을 받도록 하는 자가 조절 능력(自家調節能力)이 있음을 알 수 있다.

앞에서 설명한 바와 같이 대숲은 주변에서 내부로 들어감에 따라 햇빛이 급격히 약해지고, 기온이 낮아지며 공중 습도가 높아져서 숲속의 환경을 온화하게 유지한다.

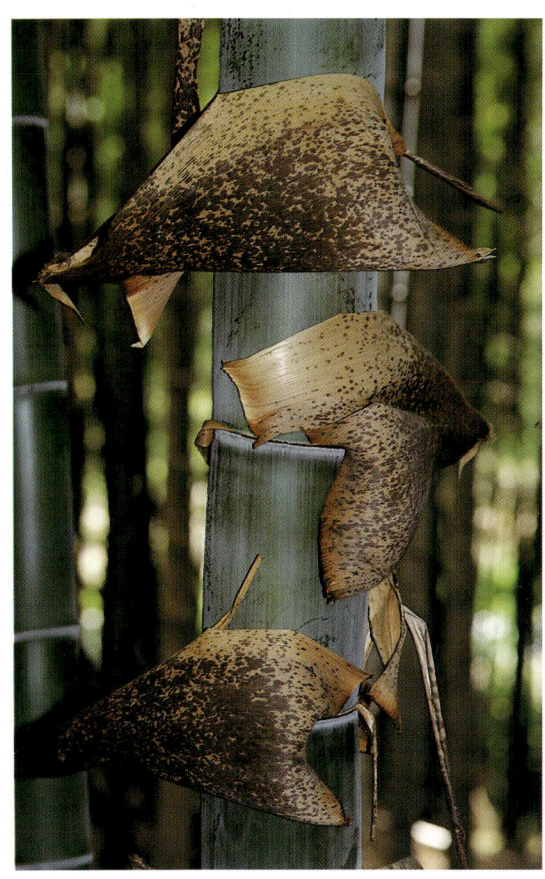

죽피 자라면서 곧은 장대처럼 길어지는 죽순은 아래쪽부터 한 장, 한 장 죽피를 벗으면서 연두색의 곱고 연한 속살을 드러낸다.

베거나 폭설을 맞아 대나무가 많이 부러진 이듬해에는 흉년이 들며 비록 죽순이 생긴다 하더라도 담뱃대처럼 가는 것만 돋는다.

　죽순의 풍년과 흉년은 영양설(營養說)과 기상설(氣象說)로 설명되고 있다. 영양설은 풍년이 든 해에 땅속줄기의 영양분이 지나치게 소비되어 다음해에 자라지 못하고 눈을 적게 만들어 흉년이 든다는 내용이다. 즉 땅속줄기는 영양분의 소비와 축적을 교대로 한다는 것이다. 대숲에

비료를 많이 준 이듬해에 죽순이 많이 돋는 현상은 영양설을 뒷받침
한다.

　기상설은 기온, 강수량 및 바람을 죽순의 발생 원인으로 본다. 그러
나 기상과 죽순의 발생 관계를 오랫동안 조사한 결과 죽순 발생량과 겨
울의 기온 사이에는 깊은 관계가 없었고, 봄에 강수량이 많으면 그해
풍년이 드는 경우가 상당히 많았지만 더러 흉년도 있었다. 또 여름 강

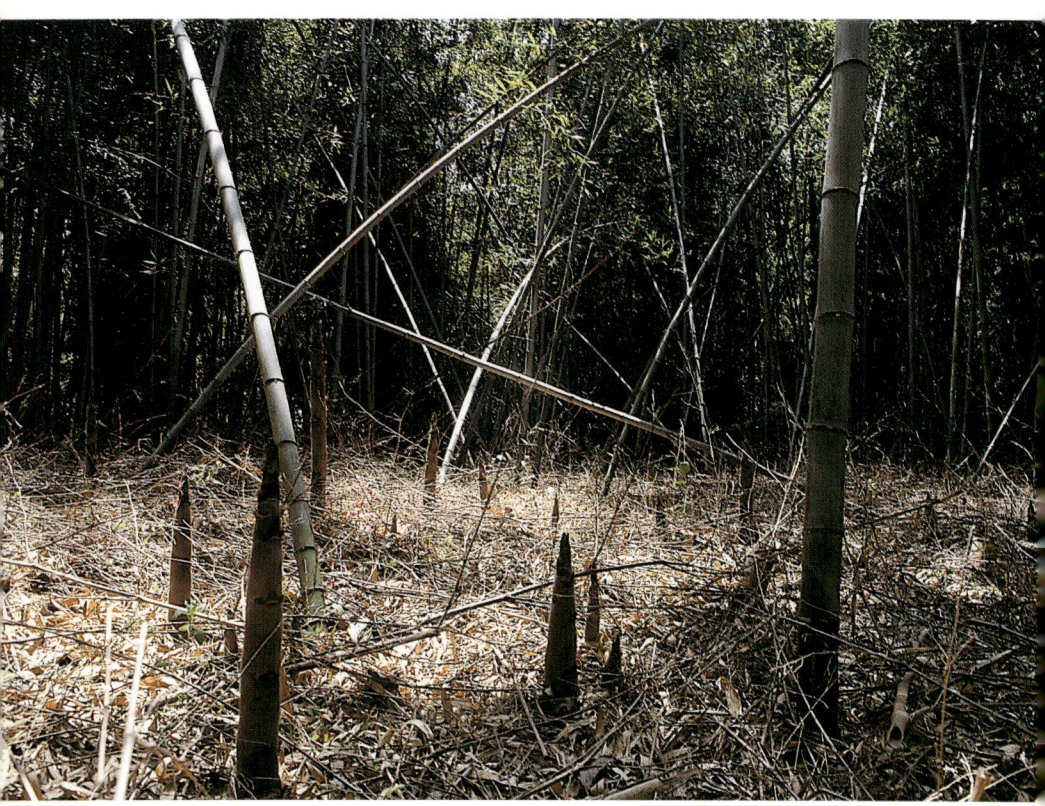

돋아나는 죽순들　죽순이 돋아나는 시기는 봄으로, 비가 자주 오면 우후죽순처럼 빽빽하게
돋는다.

수량과의 관계에서는 이듬해 풍년이 많았지만 반드시 그렇다고 단정할 수가 없었고, 오히려 여름 가뭄이 이듬해의 흉년과 깊은 관계가 있는 것으로 나타났다.

따라서 기온과 강수량만으로 죽순의 풍년과 흉년을 설명하기는 매우 어렵다. 여름의 가뭄이 죽순의 발생량을 감소시킨다 하더라도 토질에 따라 결과가 다르다. 예를 들면, 긴 가뭄에 시달린 이듬해 봄, 수분을

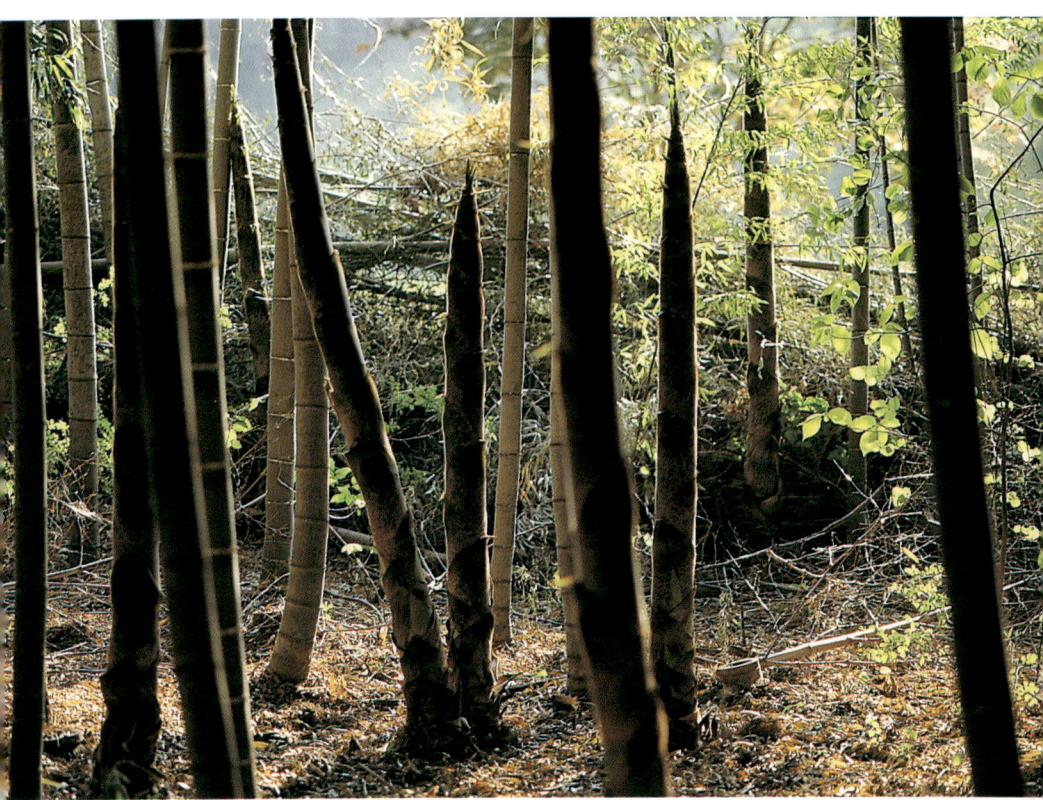

우후죽순 죽순은 가뭄이 계속되다가 비가 내리면 탐스럽게 돋아난다.

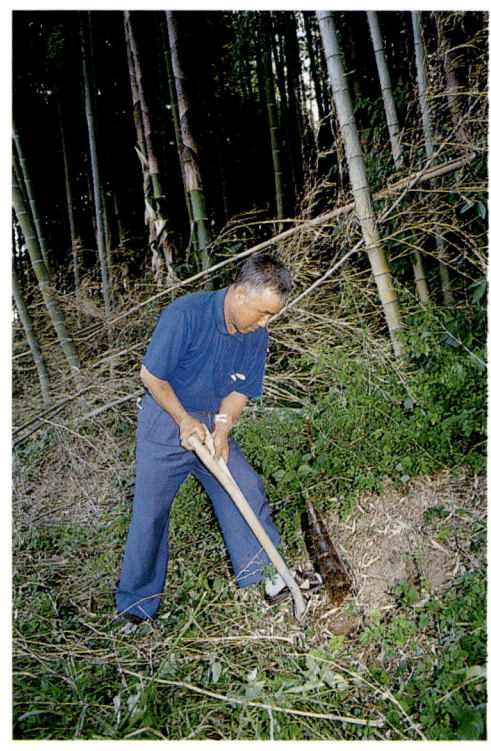

죽순 캐기 3년생의 굵은 땅 위줄기를 남겨 놓고 땅속줄 기가 상하지 않도록 하면서 죽순을 캔다.

많이 함유하는 점질토(粘質土)보다 적게 함유하는 사질토(砂質土)가 더 심한 흉년을 가져온다.

죽순의 발생량은 해마다 고르게 조절할 필요가 있다. 죽순대와 같이 죽순을 수확하는 대숲에서 계속해서 죽순을 수확하면 죽순 발생을 고르게 조절할 수 있다. 왕대와 같이 죽재로 이용하는 것이 목적인 대숲에서는 가는 죽순을 어릴 때에 따냄으로써 굵은 대나무를 드물게 남겨 놓거나 비료를 충분히 주어 건강한 땅속줄기를 길러서 영양분을 저장하게 한다. 만일 풍년이 예상되는 해에 돋아난 죽순을 모조리 따내면

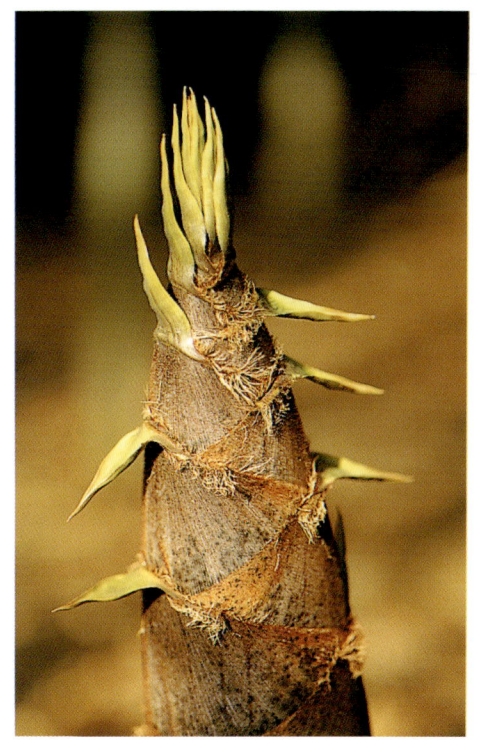

왕대의 죽순

이듬해에 반드시 심한 흉년이 들게 된다. 그렇지만 3년생의 굵은 땅위 줄기를 남겨 놓고 땅속줄기가 상하지 않도록 죽순을 캐내면 흉년을 가볍게 넘길 수 있다.

죽순의 생장　대나무는 죽순이 자라기 시작한 지 수십 일 동안에 완전히 자라고 그뒤로는 굵어지지도 길어지지도 않는다. 줄기의 자람이 끝나는 기간은 굵은 대가 가는 대보다 더 오래 걸린다. 예를 들면, 죽순대는 30~35일, 왕대는 25~40일, 솜대는 20~35일이 걸린다.

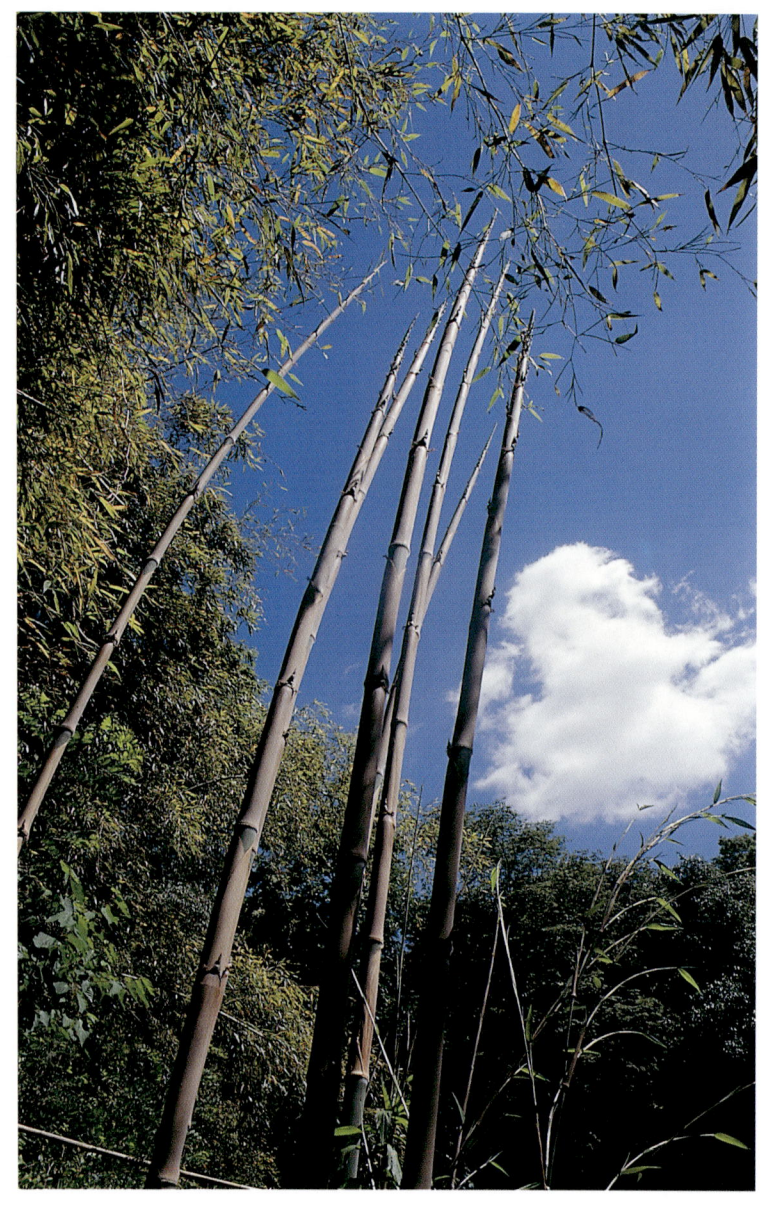

솜대의 높이 자란 죽순

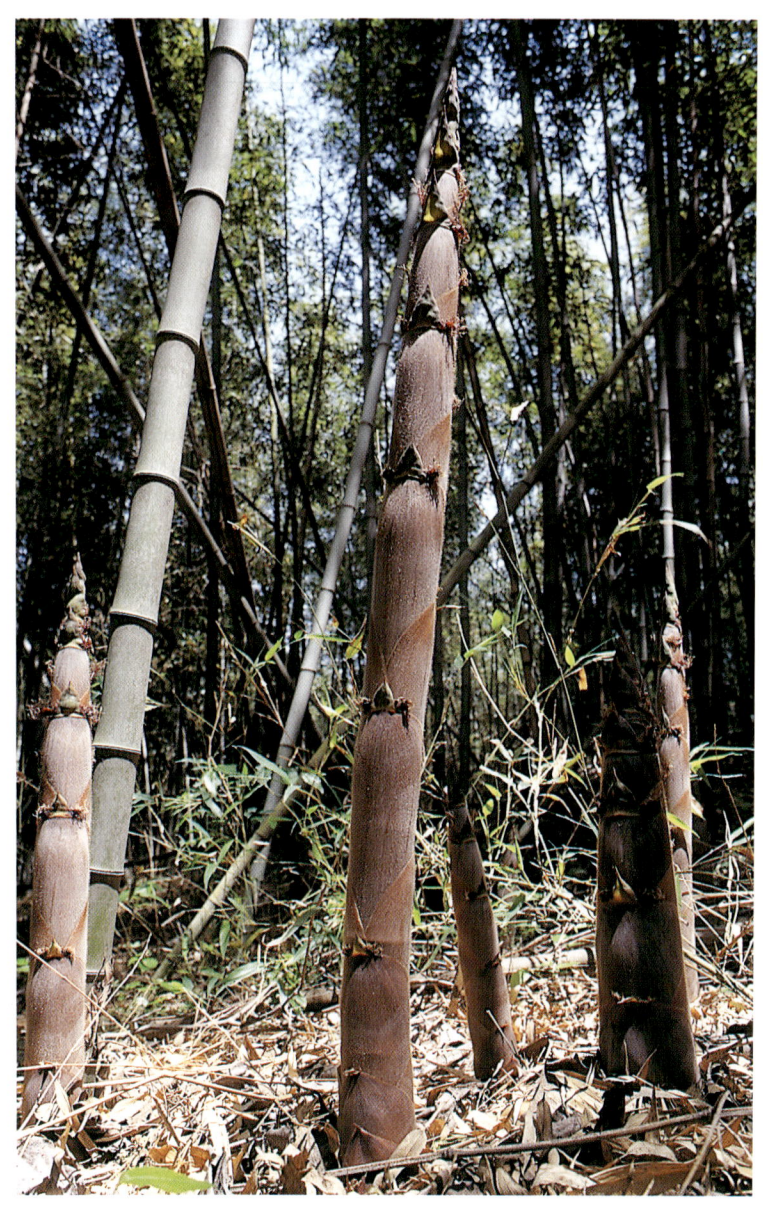

죽순대의 죽순

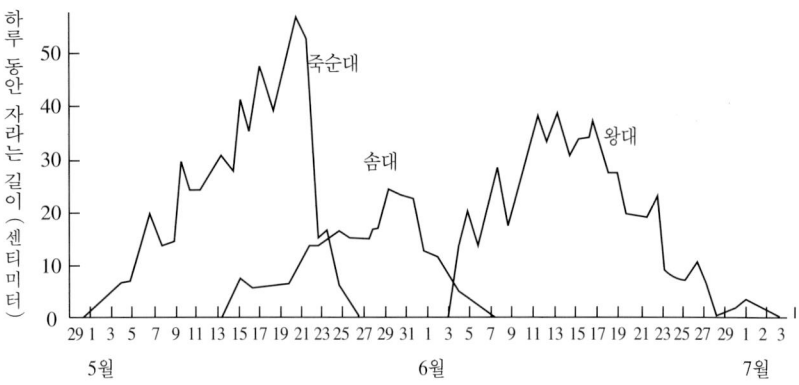

그림 9. 하루 동안 죽순이 자라는 길이

땅위줄기가 자라나는 경과를 보면 죽순이 자라기 시작하여 차츰 빠르게 길어져서 최고에 이르고 그 다음부터 느리게 자라다가 멈춘다. 대나무의 종류에 따라 신장이 느려지는 상태가 다른데, 죽순대는 갑자기 느려지고 왕대와 솜대는 천천히 느려진다. 죽순은 그림 9에서 보는 바와 같이 하루 동안 빠름과 늦음을 되풀이하면서 자란다.

죽순이 빠르게 자랄 때는 하루 동안 자라는 길이를 자로 잴 수 있을 만큼 빠르다. 하루 동안에 죽순대가 86센티미터, 솜대가 83센티미터 그리고 왕대가 69센티미터의 기록을 가지고 있다. 그러나 죽순이 자라기 시작할 때와 끝날 무렵에는 느리게 자라서 하루에 수센티미터밖에 안 자란다. 죽순은 수십 일 동안 10~20미터 정도 자란다.

죽순은 밤보다 낮에 더 빨리 자란다. 아침에 느리게 자라던 죽순은 오후 2시경에 가장 빠르게 자라다가 다시 느려져 저녁에 멈춘다. 하루 동안 죽순이 자라는 곡선은 하루 동안의 기온 변화 곡선과 닮아 있다. 온도가 낮으면 죽순의 생장이 둔해지는데, 특히 5도 이하에서 그렇다. 온도는 죽순을 굵게 자라게 하는 효과는 없지만 길게 자라게 하는 효과는 있다. 한 대숲에서 같은 굵기의 대나무 가운데 죽순의 길고 짧음의 차이가 생기는 이유는 그것이 자라는 동안의 낮 기온 때문이라고 생각되고 있다.

죽순이 길이로 자라는 부분은 마디가 아니고 마디사이이다. 마디사이에서도 가장 밑부분, 곧 마디사이와 그 밑의 마디가 연결되는 부위이며 이 부분에 죽피가 붙어 있고 가장 왕성하게 자란다.

보통 식물의 길이 생장은 줄기와 가지의 끝에서만 일어난다. 그러나 대나무는 모든 마디사이에서 생장하는 특이한 식물이다. 그래서 줄기나 가지 끝에서 일어나는 생장을 정단생장(頂端生長)이라 하고, 대나무처럼 생장 부위가 온몸에 흩어져서 일어나는 생장을 개재생장(介在生長)이라고 한다.

죽피와 생장소　식물이 자라는 데에는 생장소(生長素), 곧 식물호르몬의 자극이 있어야 한다. 죽순에도 생장소가 있기 때문에 빨리 자랄 수 있다. 죽순이 자라는 과정에 따라 생장소를 측정한 결과 죽순이 땅속에 묻혀 있는 동안의 생장소 양은 땅속줄기 속의 양과 거의 같았다. 그러나 죽순이 땅 위로 머리를 드러내면 생장소는 죽순의 밑부분으로 모이고, 죽순이 자람에 따라 가운데 부분에 모이다가 더욱 자라면 윗부분에 모인다.

여기에서 재미있는 것은 죽순이 자람에 따라 생장소는 죽순의 살보다 죽피 속에 더 많다는 사실이다. 표 2를 보면 생장소가 가운데나 위로 모일 때에 죽순의 살보다는 죽피에 더 많은 것을 알 수 있다. 이처럼 죽피는 죽순을 싸서 보호하는 일뿐만 아니라 죽순을 빠르게 자라도록 한다.

대나무는 짧은 기간에 엄청나게 빨리 자란다. 또한 죽순이 자라기 시작할 때 상처가 나지 않도록 죽피를 한 장, 한 장 조심해서 떼어내 짧

표 2. 왕대 죽순의 살과 죽피 속의 생장 호르몬의 양

죽순의 길이 (센티미터)	죽순의 부위					
	윗부분		가운데 부분		밑부분	
	죽순의 살	죽 피	죽순의 살	죽 피	죽순의 살	죽 피
9.2	3.0					
21.0	3.0	2.0	3.3	4.6	3.0	2.2
36.5	1.3	7.1	9.6	13.8	24.8	3.4
98.0	4.5	12.7	15.5	16.8	6.1	10.7
171.0	7.5	10.7	9.5	4.8	2.3	3.1

※ 단위:도(°)

은 대나무를 만들 수 있고, 죽피를 죽순의 한 면만 공들여 떼어내면 활처럼 굽은 대나무를 만들 수도 있다. 그 이유는 죽순을 자라게 하는 생장소가 들어 있는 죽피를 떼어내면 모든 마디사이가 자라지 못하거나 한 면만 자라기 때문이다. 죽순이 빠르게 자라게 하려면 죽피 속의 생장소뿐만 아니라 많은 영양분이 공급되어야 한다.

땅 위에 돋아난 죽순이 모두 성숙한 대나무로 자라는 것은 아니며 죽는 것도 있다. 자라다가 생장이 멈추는 죽순을 정지순(停止筍)이라고 한다. 정지순은 대부분 0.5미터 이하에서 멈춘 채 자라지 않는데, 간혹 3미터 높이에서 멈추는 것도 있다. 정지순은 단위 면적당 솜대가 왕대나 죽순대보다 많지만, 죽순의 발생 수에 대한 정지순의 비율은 솜대가 왕대나 죽순대보다 낮은 편이다. 그리고 죽순의 발생 수가 많을수록 정지순의 수가 많으며 죽순이 발생하는 초기나 말기보다 가장 왕성하게 발생하는 최성발생기에 많다. 정지순이 생기는 원인은 땅속줄기의 연령과 깊은 관계가 있는데, 5년생 이상의 노쇠한 땅속줄기나 한 땅속줄기의 여러 곳에서 나온 죽순 가운데 몇 개가 정지순으로 되는 경향이 있다.

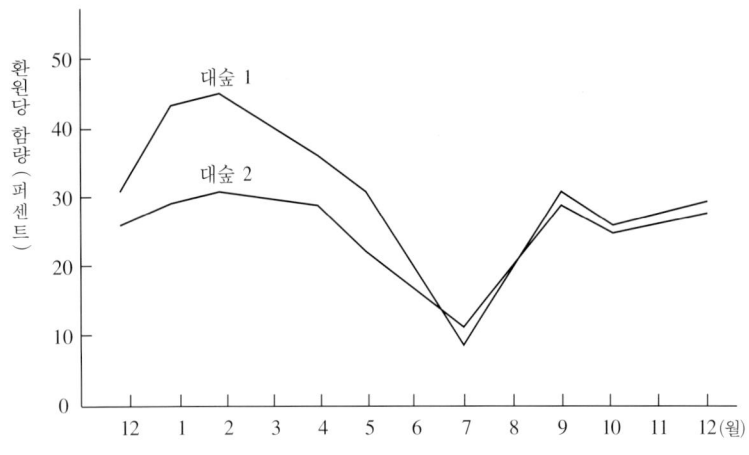

그림 10. 계절 변화에 따른 땅속줄기 속의 환원당 함량의 변화

　또한 정지순은 메마른 땅보다 비옥한 땅에서 많이 생기고 비료를 주면 더 많이 생긴다. 정지순이 생기는 또 다른 원인은 생장소와 영양분의 부족에 있다. 특히 땅속줄기에서 죽순으로의 영양분 공급이 정지되면 죽순이 죽으며, 노쇠한 땅속줄기일수록 공급이 적어진다. 땅속줄기 속의 영양분(환원당)은 그림 10에서 보는 바와 같이 죽순이 왕성하게 자라는 여름에 급속히 감소되고, 여름 이후 증가하다가 겨울에 가장 많아져서 이듬해 봄의 죽순을 생장하기 위해 준비한다.

　올해에 돋은 죽순이 전해의 것보다 굵고 또 올해보다 이듬해의 죽순이 굵어지는 등 해가 거듭될수록 굵고 높아지는 대숲을 상향대숲〔上向竹林〕이라 하고, 해가 거듭될수록 가늘어지는 대숲을 하향대숲〔下向竹林〕이라고 한다. 흔히 잘되는 집안에서는 상향대숲이 되고, 안되는 집안에서는 하향대숲이 된다는 말을 한다. 왜냐하면 시비(施肥, 논밭에 거름을 주는 일)와 간벌을 잘하면 해가 거듭될수록 죽순이 굵어지지만 살림이 곤궁해서 방치해 놓으면 차츰 가늘어지기 때문이다.

대숲의 상향과 하향은 관리 상태에 못지않게 연령과 관계가 깊다. 예를 들면, 대숲이 아주 젊거나 100년 이상된 안정된 대숲은 상향대숲이 되지만 노쇠기에 접어들면 하향대숲으로 기우는 경향이 있다. 상향대숲을 만들기 위해서는 하향대숲을 개벌하거나 늙은 대나무를 솎아냄으로써 땅속줄기를 되젊게 하는 방법이 있다.

개화

대나무는 꽃이 핀 다음에 죽는다.

1년생식물이나 2년생식물이 꽃이 핀 다음에 죽는 것처럼 대나무의 개화 습성 역시 다른 식물에서 볼 수 없는 몇 가지 특성이 있다. 즉 개화할 때까지 긴 시간이 걸리며 한 종류가 한 곳에서 개화하면 그 주변의 다른 대나무도 따라서 개화하며 개화한 대나무는 반드시 죽는다는 것이다.

대나무처럼 일생에 한 번 개화하는 식물을 일회 번식 식물(一回繁殖植物)이라 하고 일생 동안 두 번 이상 꽃이 피는 식물을 다회 번식 식물(多回繁殖植物)이라고 한다. 전자에는 대나무, 육카, 용설란 등이, 후자에는 벚나무, 소나무, 은행나무 등이 속한다.

대나무의 개화는 영양설과 주기설(周期說)의 두 가지로 설명한다. 영양설은 대숲의 토양에 무기 영양소가 결핍하거나 그들 성분 사이의 불균형이 원인이 되어 개화한다는 이론이다. 그런데 영양설로는 한 대숲에서 개화하면 마치 유행병이 퍼지듯 주변의 다른 대숲이 차례차례 개화하는 현상을 설명하기가 어렵다. 왜냐하면 대숲은 소유주에 따라 시비량과 관리 방법이 다르고 또 대숲마다 토양이 다른데도 개화의 유

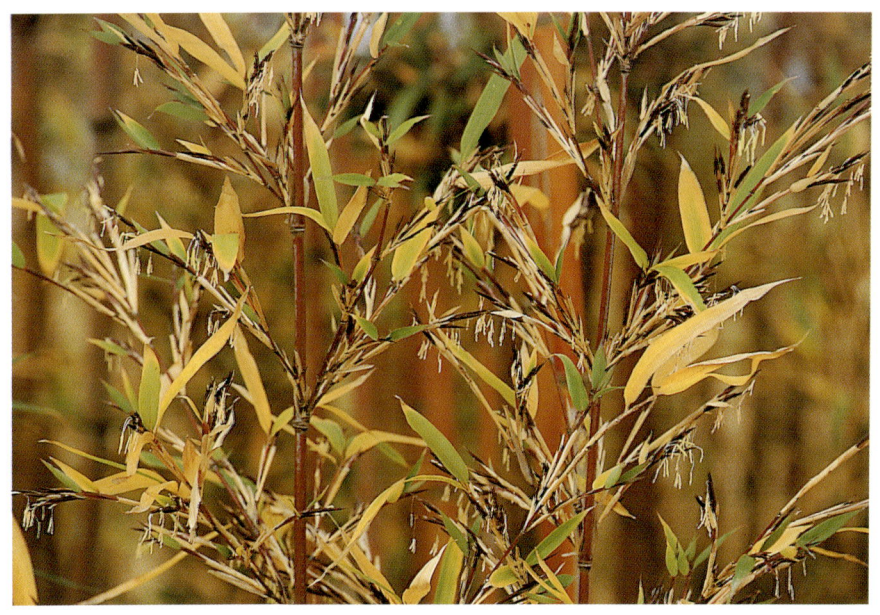

대나무 꽃 대나무는 개화할 때까지 긴 시간이 걸리며, 일단 개화하면 그 주변의 다른 대나무도 따라서 개화하며, 개화한 대나무는 반드시 죽는다.

행은 토양 성분에 관계없이 일어나기 때문이다. 실험적으로 시비량을 달리하여도 개화가 번지는 사실로 미루어 영양설은 믿기 어렵다.

주기설에 의하면 대나무는 종류에 따라 3년, 4년, 20~25년, 30년, 60년 또는 120년마다 개화한다고 한다. 동양에서 영국의 큐식물원으로 옮겨 심은 왕대가 동양과 서양에서 거의 같은 시기에 개화한 사실은 주기설을 뒷받침한다. 그러나 왜 일정 주기가 지나야 개화하는가에 대해선 아직 밝혀지지 않았다.

중국에서는 대나무 개화를 60년 주기설로 보고 있다. 진(晉)나라 때에 쓰여진 『죽보』에는 "대나무는 60년마다 개화하고 회복하는데 6년이

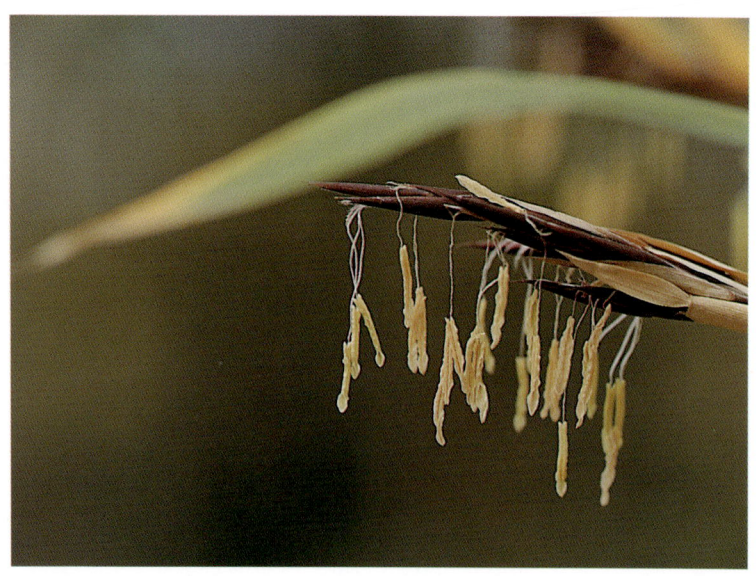

대나무 꽃 대나무는 한 번 꽃이 피고 나면 2~3년 계속해서 핀 다음 죽게 되며 개화하기 전의 청청한 모습은 사라진다.

걸린다〔符必六十 復亦六年, 부(符)는 개화의 상서로운 징조이며 복(復) 은 역에서 쓰는 괘의 이름으로 회복을 뜻한다〕"고 기록되어 있다.

그러나 우리나라에서는 60년 주기설을 믿지 않는다. 왜냐하면 우리 나라의 경우 1958년에 처음으로 담양군 대전면 대치리의 왕대숲에서 개화하여 그 주변에 옮겨졌고, 1963년에 충청남도 서산군 근흥면으로, 1965년에 경상남도 진주시로, 1967년에 광주시로 넓혀졌다. 그리고 담 양군의 경우 1969~70년에 개화의 최성기를 거쳐 1974~75년에 끝났 으므로, 60년 주기로 개화한다면 1900년 전후에 왕대가 개화하였다는 기록이나 구전(口傳)이 내려왔어야 하는데 그러한 것을 찾아볼 수 없 기 때문이다.

대나무가 자라는 순천이 고향인 서정춘(徐廷春) 시인은 시집 『죽편(竹篇)』의 '여행' 조에서 다음과 같이 읊고 있다.

여기서부터, ── 멀다.
칸칸마다 밤이 깊은
푸른 기차를 타고
대꽃이 피는 마을까지
100년이 걸린다.

이 시에서 대꽃이 피는 주기를 100년이라고 암시하고 있다. 그러나 그의 표현은 딱 부러진 100년이 아니고 길다는 뜻일 것이다. 아마 우리나라의 왕대는 여유롭게 120년마다 꽃이 피는지도 모른다.

신생죽(회복죽)

대나무는 한 번 꽃이 피고 나면 2~3년 계속해서 핀 다음 죽는다. 어미대는 개화한 지 1년이 되는 해에 가지 끝에 새 잎과 꽃을 섞어서 달고, 2년째에 잎이 적거나 없이 꽃만 달게 된다. 이 어미대는 영양실조에 걸려 2년째 겨울에 죽거나 3년째에 잎 없이 꽃만 달린 채 땅위줄기와 땅속줄기마저 죽는다. 이처럼 개화 죽림(開花竹林)은 개화하기 전의 청청한 모습이 사라지고 처참한 몰골로 바뀐다.

개화한 어미대의 그루터기 가까이에 있는 땅속줄기에서는 손가락처럼 가느다란 죽순이 나오고 그것은 억새풀처럼 가냘픈 대나무로 자란다. 이 작은 대나무에도 잎과 꽃이 함께 붙어 있다가 죽는다. 이 가냘픈 대나무를 재생죽(再生竹)이라고 한다. 재생죽의 그루터기에서는 가느다란 땅속줄기가 뻗어나오고 여기에서 작은 대나무가 자란다.

그런데 이 대나무는 꽃이 안 피고 잎만 달고 있으며, 죽지 않고 살아 남는다. 이것을 신생죽(新生竹) 또는 회복죽(回復竹)이라고 말한다. 죽음을 면한 신생죽은 좀더 굵은 땅속줄기를 뻗고 차츰 굵은 대나무로 회복된다.

생물이 생식을 하기 위하여 얼마나 많은 에너지를 소비하는가를 개화 죽림에서 찾아볼 수 있다. 하늘을 찌를 듯 청청한 굵은 어미대는 한 번 꽃이 피고 나면 풀잎처럼 가냘픈 신생죽을 남기고 죽는다.

다음은 1960년에 전체 대나무의 10퍼센트, 1961년에 15퍼센트 그리고 1962년에 나머지 75퍼센트가 개화한 후 죽은 왕대숲의 상황을 조사한 내용이다. 조사 방법은 70미터의 노끈을 개화 죽림을 가로질러 늘여 놓고 그 노끈에 따라 2미터 폭 안에 있는 어미대의 굵기와 재생죽과

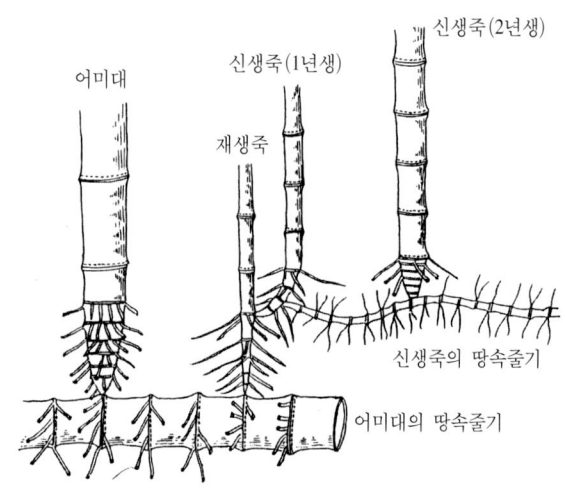

그림 11. 꽃이 핀 어미대, 재생죽 및 신생죽의 땅속줄기

표 3. 개화한 왕대숲에서 어미대의 굵기와 개체수(전체 대나무의 75퍼센트가 개화한 상태에서 조사)

가슴높이 지름(센티미터)	개 체 수	백 분 율
0~0.5	0	0
0.5~1.0	2	1.1
1.0~1.5	11	5.8
1.5~2.0	24	12.7
2.0~2.5	16	8.5
2.5~3.0	40	21.2
3.0~3.5	50	26.5
3.5~4.0	26	13.8
4.0~4.5	14	7.4
4.5~5.0	4	2.1
5.0~5.5	1	0.5
계	188	100.0
1년생대	34	18.0
2년생대	94	49.0
3~4년생대	60	33.0
꽃핀 대	137	73.0
꽃 안 핀 대	51	27.0

표 4. 재생죽과 신생죽의 높이와 개체수(70미터×2미터의 범위에서 조사)

높이(센티미터)	개 체 수	백 분 율
0~20	0	0
20~40	3	1.9
40~60	12	7.6
60~80	15	9.5
80~100	22	13.9
100~120	31	19.6
120~140	32	20.2
140~160	21	13.3
160~180	15	9.5
180~200	4	2.5
200~220	1	0.6
220~240	1	0.6
240~260	1	0.6
계	158	100
꽃핀 개체(재생죽)	75	47.4
꽃 안 핀 개체(신생죽)	83	52.6

신생죽의 높이를 기록하였다. 표 3은 어미대의 굵기(가슴높이 지름, 땅위 1.3미터 높이의 지름)와 그에 속하는 개체수이다. 이 대숲에서 어미대의 밀도는 1제곱미터당 1.35개체이고, 재생죽과 신생죽의 밀도는 1.13개체이다. 표 3에서 보듯 어미대는 굵기나 연령에 관계없이 73퍼센트가 꽃을 피웠다.

한편 표 4의 결과는 재생죽과 신생죽의 높이가 100~140센티미터만

표 5. 꽃이 핀 어미대의 특성

연 령	높이(미터)	가슴높이 지름(미터)	무게(생중량, 그램)			
			줄기	가지	잎	꽃
2	6.8	30.6	1,440 (77.6)	320 (17.3)	12 (0.7)	83 (4.5)
2	8.0	38.7	2,690 (74.8)	642 (17.8)	35 (1.0)	232 (6.5)
3	3.8	13.4	286 (68.3)	101 (24.1)	3 (0.6)	30 (7.1)
2	5.7	22.9	837 (71.7)	217 (18.6)	30 (2.6)	83 (7.1)
2	9.1	48.2	4,570 (74.1)	1,144 (18.6)	37 (0.6)	422 (6.9)
4	4.9	17.9	400 (68.7)	127 (21.8)	13 (2.1)	43 (7.4)

※ ( )는 퍼센트

표 6. 재생죽과 신생죽의 특성

번 호	높이(미터)	땅표면에서의 지름(미터)	무게(생중량, 그램)			
			줄기	가지	잎	꽃
1	1.7	7.8	28 (20.9)	69 (51.5)	37 (27.6)	0 (0)
2	2.0	8.5	44 (30.9)	26 (18.2)	66 (46.3)	6.5 (4.6)
3	1.4	8.6	31 (11.8)	155 (59.1)	76 (29.0)	0 (0)
4	1.1	6.1	14 (35.0)	16 (40.0)	10 (25.0)	0 (0)
5	1.7	9.0	43 (19.9)	127 (58.8)	46 (21.3)	0 (0)
6	2.3	9.3	67 (24.4)	115 (41.8)	60 (21.8)	33.0 (12.0)
7	2.0	5.7	26 (29.6)	31 (35.2)	31 (35.2)	0 (0)
8	2.0	8.0	36 (22.8)	70 (44.3)	50 (31.6)	2.0 (1.3)
9	1.8	7.0	25 (29.0)	30 (34.9)	28 (32.6)	3.0 (3.5)

※ ( )는 퍼센트

큰 낮음을 보여 준다. 표 5는 개화한 어미대의 연령, 높이, 가슴높이와 지름, 각 기관의 무게를 조사한 결과이다. 여기에서 어미대는 연령, 높이 및 굵기에 관계없이 모두 개화하며 잎보다 꽃의 무게가 더 무거웠음을 보여 준다.

꽃이 피지 않는 건강한 어미대의 줄기:가지:잎의 무게의 비는 70:15:15가 표준이다. 그런데 꽃이 핀 어미대의 줄기:가지:잎:꽃의 무게의 비는 70:20:2:8로 바뀐다. 즉 잎에 가야 할 영양 물질이 꽃으로 옮겨간 것이다. 잎의 양분이 지나치게 적어지므로 건강한 생활을 할 수 없고 이로써 추운 겨울을 넘기는 동안 얼어 죽게 되는 이치를 이해할 수 있다. 재생죽과 신생죽은 표 6에서 보는 바와 같이 높이가 2미터 안팎이며 줄기의 지름이 10밀리미터 이하로 연필보다 가늘다. 재생죽과 신생죽의 줄기:가지:잎의 무게의 비는 대체로 25:40:35이고, 꽃이 있으면 25:40:30:5의 비로 분배되고 있다.

앞에서 설명한 건강한 어미대의 무게 비 70:15:15에 비하면 재생죽과 신생죽은 꽃이 있고 없음에 관계없이 건강한 어미대보다 잎을 2배 이상 더 가지고 있다. 이처럼 신생죽이 많은 잎을 갖는 현상은 영양분을 많이 만들기 위하여 기능적으로 적응한 형질이라고 해석된다. 그리고 재생죽과 신생죽은 건강한 어미대에 비해 줄기가 적고 가지가 많은

표 7. 재생죽과 신생죽의 잎의 형질

기 간	한 잎의 면적 (제곱센티미터)	한 잎의 말린 무게(밀리그램)	잎의 단위 면적당 말린 무게
꽃핀 어미대 잎	9.5	68	7.1
좁은 잎	3.2	16	4.9
중간 잎	8.7	43	4.8
넓은 잎	21.4	108	5.1

특이한 형질을 지니고 있다.

표 7은 꽃이 핀 어미대와 재생죽 및 신생죽이 가지는 잎의 특성을 보여 준다. 재생죽과 신생죽은 개체에 따라 중간 넓이의 잎 및 극단적으로 좁은 잎과 넓은 잎을 달고 있다.

이처럼 재생죽과 신생죽의 잎 한 장의 넓이는 극단적으로 좁거나 넓어진다. 즉 꽃이 핀 어미대가 달고 있는 잎 한 장의 넓이는 9.5제곱센티미터인데 재생죽과 신생죽에서 가장 좁은 잎은 3제곱센티미터, 중간 잎은 9제곱센티미터 그리고 가장 넓은 잎은 21제곱센티미터이다. 잎 한 장의 무게는 좁은 잎이 중간 잎보다 1/3만큼 가볍거나 넓은 잎이 중간 잎보다 2배 이상 무겁다.

개화 죽림의 회복

앞에서 『죽보』에 개화 죽림은 6년 만에 회복된다고 하였다. 그러나 1970년대에 개화한 우리나라의 왕대는 6년 뒤에도 완전히 회복하지 않았다. 왜냐하면 어미대가 죽은 대숲에서 억센 잡초와 연약한 신생죽 사이에 처절한 약육강식의 경쟁이 벌어졌기 때문이다. 다행히도 신생죽은 잡초에 대하여 어느 정도 방어 능력을 지니고 있다. 즉 신생죽은 줄기보다 가지의 양이 많고, 가지를 줄기의 밑쪽부터 옆으로 촘촘히 뻗어 잡초 위에 그늘을 드리운다. 그늘에 가려진 식물은 경쟁에서 이길 수 없다.

꽃피고 죽은 대숲에 들어오는 잡초도 만만치 않다. 여기에 들어오는 잡초는 음지식물 대신에 센 햇빛을 받아 억세게 자라는 양지식물이다. 1970년대 담양의 개화 죽림에서 조사한 결과를 보면 어미대가 죽고 신생죽이 드문드문 서 있는 나지(裸地, 나무나 풀이 없는 맨땅)에는 처음

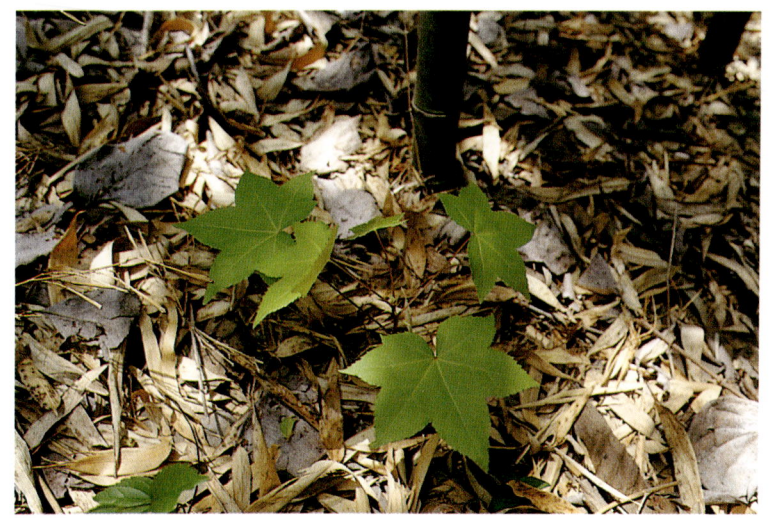

대숲 밑에서 자라는 식물 두릅

에 바랭이와 비름 등 1년생식물이 자라고, 3년 뒤에는 1년생식물과 함께 개망초, 망초, 쇠별꽃 등의 2년생식물 21종과 가죽나무, 찔레나무, 상수리나무, 산초, 나무딸기 등 목본식물 7종이 침입하여 신생죽과 경쟁하였다.

5년 뒤에는 1, 2년생식물과 함께 자리공, 용둥굴레, 쑥 등 다년생 초본과 사위질빵, 칡, 댕댕이덩굴, 새머루, 마 등의 다년생 덩굴식물 그리고 나무딸기, 멍석딸기, 참오동, 청가시덩굴, 개옻나무, 노린재나무 등 모두 39종의 식물이 들어왔다. 더구나 덩굴식물은 대나무를 비롯하여 모든 식물을 얽어매 생장을 억제하고 있었다.

대나무가 상당히 회복된 8년 뒤에는 제비꽃, 마삭줄, 맥문동, 뱀딸기, 꼭두서니, 으름덩굴, 쑥 등 초본식물 11종류와 목본식물 3종이 자랐는데 이들은 키가 낮거나 음지식물로서 대숲 속의 임상 식물로 안정

되었다.

개화하고 13년 뒤에는 달개비, 제비꽃, 콩제비꽃, 큰까치수염, 마삭줄, 맥문동, 파리풀, 뱀딸기, 조개풀, 쇠무릎 등 대부분 키가 낮은 음지식물로서 대숲 속에서 자생하는 식물들로 바뀌었다. 이처럼 개화 죽림의 시간 경과에 따른 잡초의 변화는 식물 생태학에서 설명하는 천이(遷移, 생물의 한 떼가 시간의 경과에 따라 변천해 가는 현상)를 보여 주었다.

개화한 뒤 대숲에서 자라는 임상 식물의 현존량(건조량)을 조사한 결과 3년 뒤에는 1헥타르당 480킬로그램, 5년 뒤는 600킬로그램, 8년 뒤는 125킬로그램, 13년 뒤는 85킬로그램이었고, 개화하지 않은 대숲에서는 11킬로그램이었다. 이 결과로 보아 개화하고 5년 뒤가 신생죽과 잡초 사이의 경쟁이 가장 심하고 그뒤로는 대나무가 잡초를 경쟁에서 물리치고 있음을 보였다.

개화 죽림은 빠르게 회복시켜 성숙 죽림으로 만들어야 한다. 개화 죽림의 빠른 갱신을 위해서는 잡초가 무성해지는 5년까지 신생죽 주변의 잡초를 베어 주고 비료(질소, 인, 칼륨)를 주며 다른 곳에서 흙을 가져다가 객토(客土, 토질을 개량하기 위하여 성질이 다른 흙을 다른 곳에서 가져다 논밭에 섞는 일)를 하고 죽은 재생죽을 제거하는 등 인위적으로 관리하여야 한다. 그렇지 않고 방임해 두면 느리게 회복되거나 영원히 회복되지 않는다.

1960~70년대에 우리나라 남부지방에서 개화한 왕대숲을 인위적 관리구와 자연 방임구로 나누어 회복 과정을 조사한 결과를 종합해 보면 대나무의 굵기(직경)와 높이는 인위적인 관리 대숲이 방임 대숲보다 훨씬 빠르게 향상된다는 것을 알 수 있다. (표 8 참조)

대나무가 배게 서 있을수록 햇빛이 약해 임상의 잡초는 적고, 드물게 서 있을수록 햇빛이 강해 무성하다. 그리고 수관이 적당히 밀폐된 대숲

표 8. 개화 죽림의 인위적 관리와 자연 방임에 따른 회복 속도의 차

| | 개화 후 연도 | 땅위줄기의 연령 (년) | | | | | | | | | |
| | | 0 | | 1 | | 2 | | 3 | | 평균 | |
		지름	높이	지름	높이	지름	높이	지름	높이	지름	높이
인위적 관리	5	2.2	3.4	1.5	2.6	1.5	2.2	1.3	1.9	1.8	2.5
	8	4.6	9.2	4.6	9.4	4.2	8.7	3.3	7.0	4.3	8.6
	13	5.0	10.1	4.7	9.5	6.6	12.2	5.8	11.4	5.3	10.8
자연 방임	5	0.6	2.1	0.4	2.0	2.0	2.0	0.4	1.9	0.5	2.0
	8	3.2	7.0	2.8	6.1	2.7	5.8	2.1	4.6	2.7	5.9
	13	3.4	7.1	3.1	7.4	3.2	7.1	3.5	7.3	3.3	7.2
비개화		7.3	13.4	7.1	13.1	6.8	12.8	7.2	13.3	7.1	13.5

은 잡초가 적고 좋은 대를 생산한다. 따라서 대나무를 솎아내어 적당한 밀도를 유지하면 좋은 대를 생산하고 잡초를 억제할 수 있다.

대숲 속의 잡초를 자세히 관찰하면 대나무와 잡초 사이에 서식지 분리(棲息地分離, 생활 양식과 환경에 대한 요구가 비슷한 종들이 공간적 또는 시간적으로 생활의 터를 달리하면서 사는 현상)가 일어나고 있음을 알 수 있다. 즉 천근성(淺根性) 식물인 잡초는 땅 밑에서 대나무의 뿌리보다 얕게 뿌리를 뻗고 대나무의 뿌리는 그보다 깊게 뿌리를 내려서 서로 간섭하지 않고 분리되어 있다. 그리고 대숲 속의 땅 위에서 자라는 잡초는 식물체의 일부를 땅속 및 땅 위에 가지는 반지중식물(半地中植物)과 식물체를 땅 표면에 가지는 지표식물(地表植物)로 나누어지며 대나무와 공간적으로 서식지 분리를 하면서 살고 있다.

수관이 밀폐되어 햇빛이 약하게 들어오는 대숲에서는 음지성 잡초가 듬성듬성 자란다. 즉 주름조개풀, 개맥문동, 맥문동, 뱀딸기, 꼬리고사

리, 비늘고사리 따위가 흔히 출현한다. 한 대숲에서 빛의 요구가 적은 잡초는 밑에서, 요구가 큰 대나무는 위에서 서식지 분리를 하며 함께 산다. 한편 버섯은 그늘이 많고 유기물이 풍부한 대숲에서 잘 자란다. 예쁜 신부가 베일로 얼굴을 가리듯이 갓 밑에 그물을 드리운 망태버섯 또한 대숲에서만 자라는 버섯이다. 이 밖에도 대숲에는 점박이애기버 섯, 잿빛가루광대버섯, 무당버섯 등 25종류나 분포하고 있다.

씨가 여무는 대나무 – 죽미

꽃이 핀 조릿대, 갓대, 이대 등의 산죽은 열매를 맺고 나면 씨가 여 문다. 이들의 씨를 죽미(竹米) 또는 죽실(竹實)이라고 한다. 죽미와 멥 쌀을 섞어 지은 밥을 죽실반(竹實飯)이라고 하여 보신제로 먹기도 한 다. 옛날에 흉년이 들어 먹거리가 없으면 구황 식물(救荒食物, 흉년 때 곡식 대신 먹을 수 있는 식물)로 죽실을 모아서 밥을 지었다고 한다. 그 러나 지금은 죽실이 산쥐의 먹이가 되고 있다. 생태학자의 연구에 따르 면 산죽(山竹)이 3년 내지 4년마다 꽃이 피는 죽실을 많이 생산하면, 그것을 산쥐가 먹고 번식한다고 한다. 따라서 산죽이 개화하고 나면 3 년 또는 4년을 주기로 산쥐의 대번식이 되풀이된다고 한다.

중국 고전 『시경(詩經)』을 보면 경사스러움을 상징하는 봉황은 죽실 이 아니면 먹지 아니하고, 오동나무가 아니면 깃을 틀지 않으며, 예천 (醴泉, 태평한 때에만 단물이 솟는다는 샘)이 아니면 마시지 않는다고 쓰여 있다. 이 고전에 연유해서 시인 양경지(梁敬之, 1662~1734년)는 「대봉대(待鳳臺, 봉황을 기다리는 높은 언덕)」라는 시를 읊었다.

대 앞에는 대나무 열매가 많고

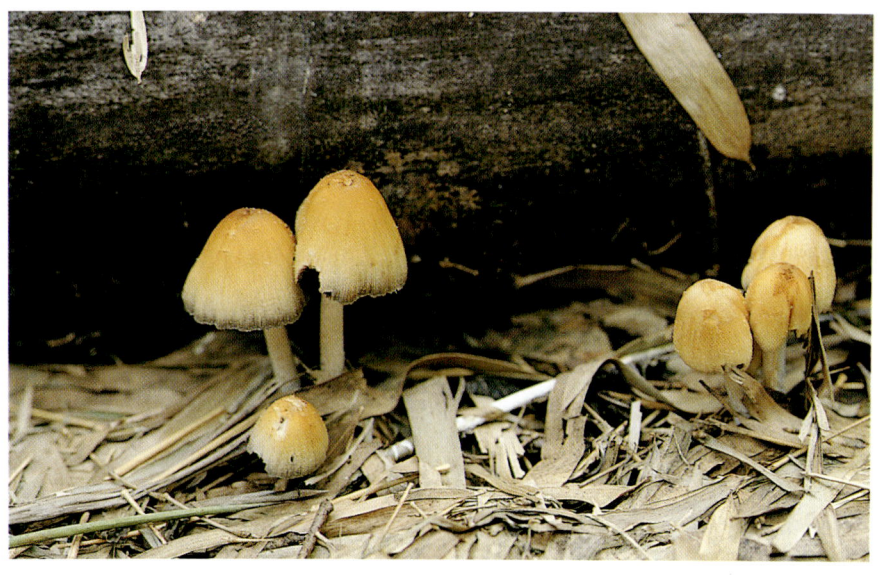

대숲에서 잘 자라는 버섯 점박이애기버섯이나 무당버섯과 같은 버섯은 그늘이 많고 유기물이 풍부한 대숲에서 잘 자란다. (위)

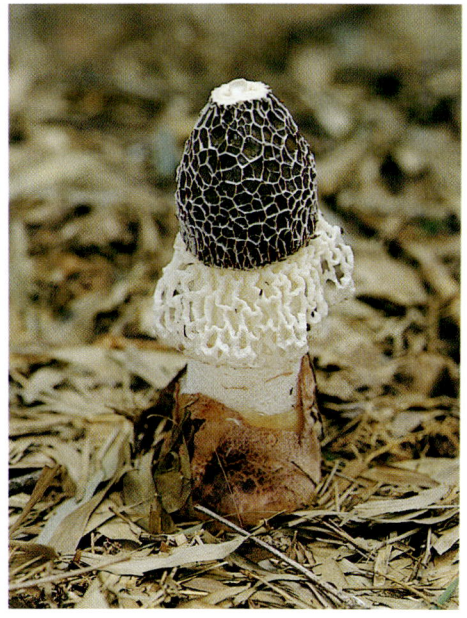

망태버섯 예쁜 신부가 베일로 얼굴을 가리듯이 갓 밑에 그물을 드리운 망태버섯은 대숲에서만 자란다. (왼쪽)

대 위에는 오동나무 그늘 지우네.
천년 동안 대는 홀로 있는데
어느 때나 봉황은 내려올런지.
臺前多竹實　　臺上散梧陰
千載臺猶在　　何時下彩禽

　이렇게 봉황이 먹는 죽실인데도 불구하고 우리나라의 왕대는 꽃이
피어도 죽실이 열리지 않는다. 만약 죽실이 열린다면 개화한 뒤 그 씨
를 심어서 대숲을 빠르게 회복시킬 수 있을텐데 아쉽기만 하다.

대숲의 자연 질서

대숲의 개벌과 회복

개벌이란 땅위줄기를 한 번에 모조리 베어 버리는 것을 말한다. 대나무를 베어내는 방법에는 개벌과 새 대만 남겨 놓고 2년생 이상을 베어내는 잔벌(殘伐) 그리고 새로 자란 수만큼 3, 4년생 대나무에서 베어내는 택벌(擇伐)이 있다. 개벌을 하여도 땅속줄기는 남아 있으므로 이듬해 봄에 죽순이 돋아난다. 그러나 개벌한 다음에는 광합성을 못하므로 땅속줄기의 영양분은 적어질 수밖에 없다. 그래서 개벌한 이듬해에는 죽순에 큰 변화가 일어난다.

어떤 개벌 죽림에서 조사한 결과를 보면 개벌하기 전보다 뒤에 새로 자란 대나무의 수는 1.3배로, 줄기의 무게는 1.4배로 증가하였지만 줄기의 굵기와 땅속줄기의 신장률은 0.8배로 감소하였다. 여기에서 새로 자란 대나무는 대단히 가늘고 짧아진다. 개벌한 이듬해의 땅속줄기는 1년생은 말할 것도 없고 노쇠한 9년생까지도 엄청나게 많은 죽순을 발생하지만 그 굵기가 대단히 가늘어진다. 이처럼 개벌은 죽순의 발생을 크게 자극한다.

대숲의 개벌을 되풀이하면 어떻게 되는지 알아 보자. 첫해에 개벌을 하고 2년째가 되는 해에 새로 자란 대나무를 다시 개벌하고 또 3년째에 거듭 개벌하면 새 대나무는 점점 가늘어지고 죽순 수도 적어진다. 이런 식으로 6년이 지나면 땅속줄기에서 죽순이 거의 돋아나지 않는다. 이것은 계속된 개벌이 땅속줄기의 영양을 고갈시키기 때문이라고 해석된다.

대숲은 한 번 개벌한 뒤 방치하면 이듬해에 생긴 작은 대나무는 죽지만 해를 거듭함에 따라 차츰 굵은 대나무가 생긴다. 이와 같이 대숲이 개벌 전의 굵기로 회복되려면 적어도 7~10년이 걸린다.

개벌을 하면 땅속줄기가 적게 자라고 자란다 하더라도 가늘어지며 마디사이가 짧아진다. 그러나 새 땅속줄기는 젊은 1년생이든 노쇠한 5, 6년생이든 여러 부분에서 무질서하게 뻗는다. 이처럼 개벌한 대숲에서는 새 땅속줄기의 발생이 무질서해지므로 많은 죽순이 돋는다. 이에 비해 개벌하지 않은 대숲은 주로 1년생 땅속줄기의 끝에서 소수의 굵은 것이 뻗기 때문에 죽순 수가 많지 않다. 개벌에 의해 땅속줄기의 발생이 교란되더라도 해가 지나면 차츰 원래대로 회복된다. 개벌 뒤의 새 대나무와 땅속줄기의 교란은 대체로 왕대, 솜대 및 죽순대 모두에서 같은 모습으로 나타난다.

버려둔 대숲(방임대숲)과 분산 구조

대나무의 수요가 많았던 시절에는 잔벌이나 택벌을 했기 때문에 대숲이 일정한 밀도를 유지하였지만 그 수요가 적어짐에 따라 대숲을 특별히 관리하거나 베지 않고 내버려두는 경향이 나타났다. 다음에서 20년 이상 베지 않은 채 버려둔 방임대숲〔放任竹林〕의 특성을 알아 보자.

방임대숲에는 베어낸 그루터기가 없으며, 죽어서 넘어지는 대나무가 많다. 또한 수관이 밀폐되어 있어 햇빛이 거의 비치지 않으므로 임상에는 잡초가 없다. 그리고 높은 밀도에서는 줄기의 굵기에 비해 높이, 지하고 및 마디사이가 길어진다. 밀도가 높은 대나무 숲에서는 1아르(100제곱미터) 내에 무려 120~168개체가 서 있게 된다. 아마 이 밀도가 대숲이 가질 수 있는 최대 밀도(最大密度)일 것이다. 택벌이나 잔벌을 하여 관리한 대숲의 밀도는 1아르당 솜대가 9~18개체, 왕대가 7~15개체, 죽순대가 5~10개체 정도 서 있게 된다. 따라서 방임대숲은 관리한 숲보다 10배 이상의 밀도를 유지하는 셈이다.

새 대나무의 발생수는 죽순이 풍년과 흉년의 해거리를 하여 일정하지 않지만 1아르당 평균 14개체이며, 2년 이상의 개체수에 대한 새 개체수의 백분율은 10퍼센트였다. 이처럼 새 대나무가 많이 생기지만 2년생 이상 묵은 대가 많고, 더구나 그들이 죽어가므로 연 증가수는 관리한 대숲보다 오히려 적다.

방임대숲에서 1아르당 새 대와 죽은 대의 수는 각각 14.4개체와 16.9개체로서 죽은 대의 수가 약간 많았고, 줄기의 평균 굵기는 각각 4.5센티미터와 4.6센티미터로 거의 같았다. 따라서 방임대숲의 연순생산량(年純生産量)은 보통 원시림(原始林)에서 연순생산량과 연고사량(年枯死量)이 같듯, 연순생산량과 소비량이 거의 같음으로써 안정성(安定性)을 유지한다.

대숲의 분산 구조

예전에는 낫으로 대나무를 베었기 때문에 마치 날카로운 창을 무수히 세운 듯한 그루터기가 여기저기에 서 있었다. 따라서 대숲에 들어가면 날카로운 그루터기에 발을 찔릴 위험이 있어 조심해야 했다. 그런데 요즈음은 대나무를 베는 일도 적어졌고 톱으로 베기 때문에 그루터기

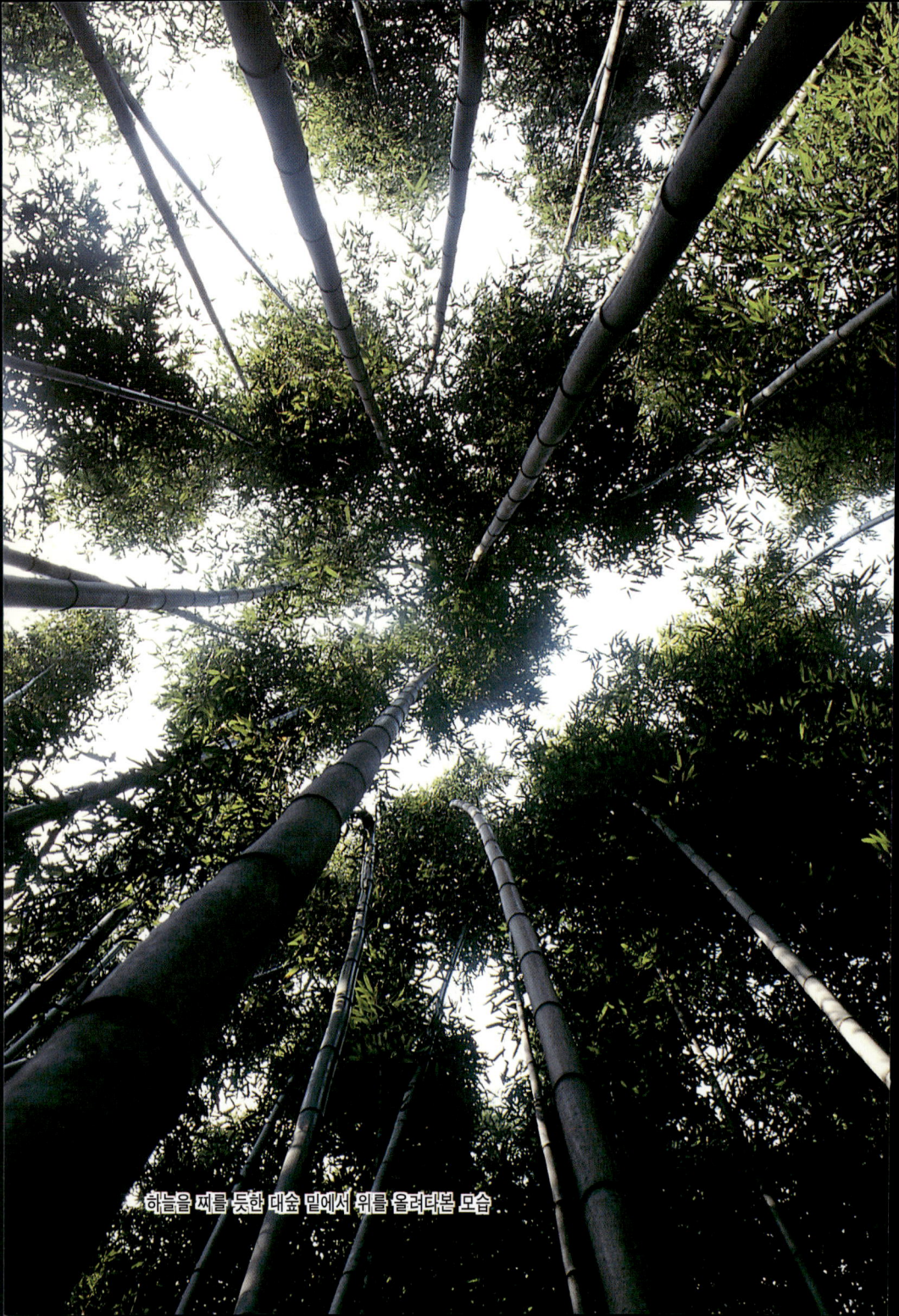

하늘을 찌를 듯한 대숲 밑에서 위를 올려다본 모습

가 날카롭지 않아 안심하고 거닐 수 있게 되었다.

좋은 대숲을 유지하려면 알맞은 밀도(단위 면적당의 줄기 수)를 유지해야 한다. 흔히 독농가(篤農家, 농사를 힘써 하는 집안 또는 사람)들은 우산을 쓰고 대숲 속을 거닐 정도의 밀도가 좋다고 한다. 대나무는 해마다 죽순이 돋아서 새 대가 생기므로 방임하면 밀도가 대단히 높아진다. 따라서 3년생 이상의 대나무는 베어서 인위적으로 밀도를 조절해야 한다. 할아버지와 손자가 함께 있기를 싫어한다는 속담처럼 3년생 이상은 베어내고 1, 2년생은 남겨서 밀도를 조절한다.

대숲의 밀도는 대값이 오르면 많이 베어내 낮아지고 값이 내리면 높아진다. 요즈음은 대나무의 수요가 적어져서 밀도가 높아지는 추세이다. 대나무 값이 너무 싸면 대나무를 베지 않는 대신 죽순을 캐서 먹으므로 대숲의 밀도가 조절된다. 그런데 죽순을 해마다 계속해서 캐면 땅위줄기가 늙어서 고사(枯死)하므로 숲이 노쇠하게 된다. 따라서 대값이 아무리 싸더라도 죽순은 일부 남겨 놓고 5, 6년생의 늙은 대나무를 베어내어 일정한 밀도를 유지하는 것이 바람직하다.

다음에는 대숲 안에서 땅위줄기들이 가까이 모여 있는가, 멀리 흩어져 있는가 또는 규칙적으로 나란히 있는가를 알아보자. 한 종류의 식물이 흩어져 있는 양상을 분산 구조(分散構造)라고 한다. 대나무는 씨에서 싹트지 않고 땅속줄기의 눈에서 돋아나기 때문에 땅위줄기가 어떤 분산 구조를 가지는가는 식물학에서 흥미있는 문제이다.

대숲을 인위적으로 택벌하거나 잔벌하면 정확한 분산 구조를 알기가 어렵다. 그러나 앞에서 설명한 방임대숲에서의 땅위줄기가 서 있는 양상을 모눈종이 위에 정확하게 기입하면 정확한 분산 구조를 알 수 있다. 식물 개체군(植物個體群)의 분산 구조는 크게 세 가지로 구분된다. 첫째 과수원이나 벼논과 같이 일정하게 가로·세로의 거리를 유지하며 서 있는 규칙 분포(規則分布), 둘째 어미 식물에서 씨가 흩어져 싹틈으로서 어미 식물 주변에는 높은 밀도로 서 있다가 멀어짐에 따라 낮은 밀도로 서 있는 집중 분포(集中分布), 셋째 규칙 분포와 집중 분포에 구애되지 않고 우연한 기회를 가지고 서 있는 기회 분포(機會分布)이다.

조사 결과 방임대숲의 분산 구조는 기회 분포에 따라 서 있음이 밝혀졌다. 물론 여기에서 조사한 대숲은 30년 이상 된 방임대숲이다. 이 대숲은 해마다 2년생 이상의 묵은 대에 대하여 1년생의 대가 25퍼센트쯤 새로 생기고, 묵은 대의 25퍼센트가 죽어가는 안정 상태에 있었다. 삼림에서도 안정된 극상림(極相林)의 분산 구조는 이 대숲처럼 기회 분포로 나타난다.

만든 상장(喪杖)을 삶아 먹었다고 하는 이야기가 전해질 정도이다.

대의 종류에 따라 죽순의 맛은 다르다. 솜대의 죽순은 가늘어서 속살이 적지만 단맛이 나서 좋고, 왕대의 것은 다소 쓴맛이 나서 흠이 있지만 씹힐 때 촉감이 뛰어나며, 죽순대는 속살이 많고 연하지만 씹힐 때 촉감이 떨어진다. 중국 음식에 쓰이는 통조림 죽순은 대부분 중국에서 수입된 것이고 거제도의 죽순대로 만든 것이 오히려 맛과 촉감이 좋다.

죽순대의 성분을 분석한 표 9를 보면, 죽순은 영양소를 고르게 갖추고 있음을 알 수 있다. 탄수화물이 많고 단백질도 상당히 들어 있으며 적기는 하지만 지방을 지니고 있다. 조섬유는 어렸을 때는 적지만 자람에 따라 급속히 증가하여 죽순을 굳게 한다.

식생활을 위한 도구로 대나무로 만든 용품들이 활용되고 있다. 쌀을 이는 조리를 비롯하여 대젓가락, 솔솔, 밥바구니, 찬합, 대채반, 광주리, 키, 소쿠리 등 헤아리기가 어렵다.

한편 대나무는 주생활에도 이용되었다. 집 주변에 대나무로 말뚝을 드문드문 세운 다음 옆으로 띠장을 대고 촘촘히 대를 세워 울타리를 만들었다. 이것을 죽리(竹籬) 또는 죽책(竹柵)이라 하는데 평화스러운

표 9. 죽순대의 죽순 성분

	하위부	중앙부	상위부
수분	90.6	91.3	89.7
단백질	1.4	1.7	2.7
지방	0.2	0.2	0.3
탄수화물	5.7	4.8	5.5
조섬유	1.3	0.9	0.4
회분	1.0	1.1	1.4

단위:퍼센트(%)

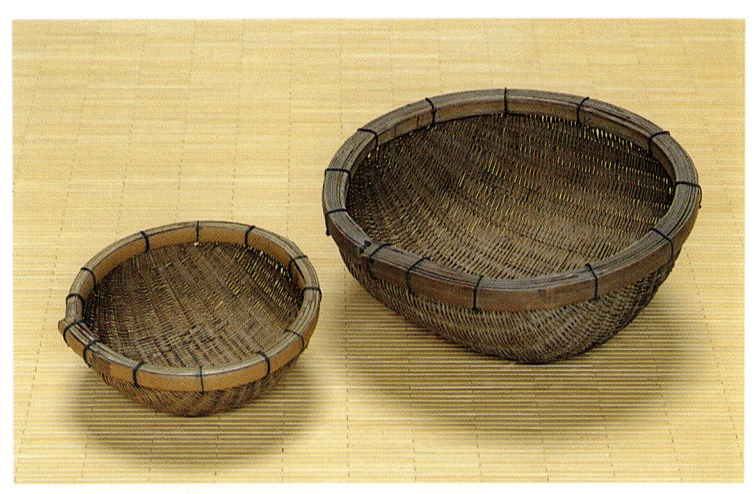

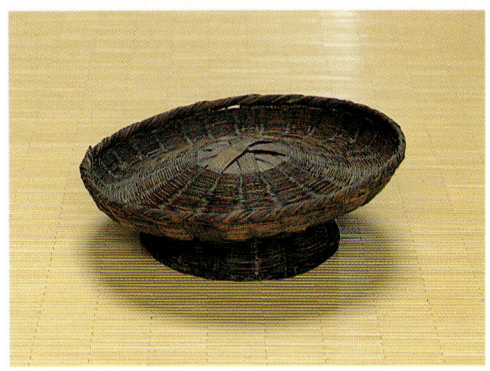

소쿠리(위)

채반(왼쪽)

마을임을 상징하기도 한다. 서민들은 대문이 아닌 사립문을 대로 만들었다. 나무 기둥에 세네 개의 가름장을 지르고 가름장 사이에 야무진 대를 X자로 끼우면 사립문이 된다. 도적의 침입을 막는 구실이 아니고 집안에 주인이 있고 없음을 나타내던 이런 사립문을 죽비(竹扉)라고 한다.

마당을 쓰는 대빗자루, 마당의 검불을 긁어모으는 갈퀴, 지게 위에

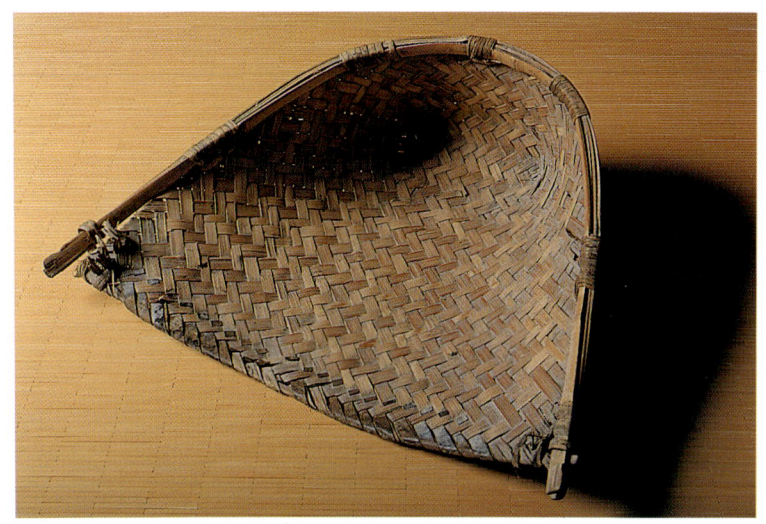

키 곡식 따위를 까부르는 외에도 오줌싸개들의 습관을 고치기 위해 사용되었다.

얹는 바작, 물건을 담아 나르는 삼태기, 병아리를 가두는 덕가래, 밤에 닭을 가두는 닭우리 따위의 죽제품은 농가의 마당 여기저기에서 볼 수 있었다.

또한 서민들의 방에는 대오리를 대각선으로 엮은 죽창(竹窓)이 뚫려 있었고 방바닥엔 대자리가, 아랫목에는 옷을 거는 대나무 횃대가, 윗목엔 두 개의 대를 나란히 얹은 시렁이, 그 위에 고리짝인 죽롱(竹籠)이 얹혀 있었다.

한편 양반집 방문에는 실처럼 가늘게 쪼갠 죽사(竹絲)로 만들고 그 위엔 활짝 핀 매화나무 고목(古木)에 참새가 노니는 낙죽(烙竹, 달군 인두로 지져서 여러 가지 무늬를 놓은 대) 그림이 그려져 있는 여섯 자 너비의 대발이 드리워져 있었다. 그리고 방바닥에는 죽피로 짚풀을 싸서 결은 죽피 방석(竹皮方席)이나 길상〔囍〕 문양을 화려하게 낙죽한

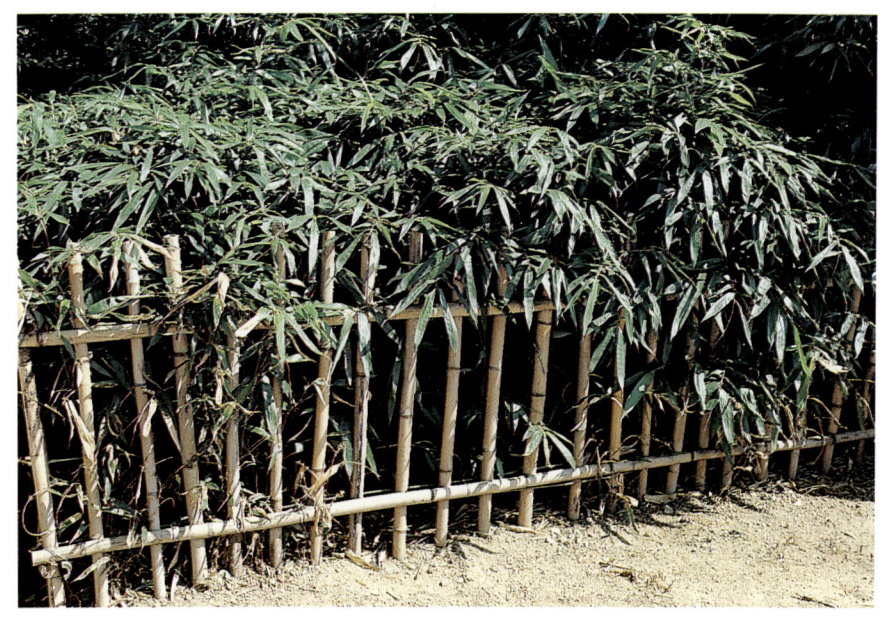

대를 세워 만든 울타리 대나무로 말뚝을 드문드문 세운 다음 옆으로 띠장을 대고 촘촘히 대를 세워 만든 울타리는 평화스러운 마을임을 상징하기도 했다.

죽석(대자리)이 깔려 있었다. 글깨나 읽는 선비의 방에는 대로 만든 붓, 붓통, 붓걸이, 필통, 편지꽂이, 서류함, 인주갑 따위와 아들에게 대물림 않는다는 죽부인, 여름에 바람이 솔솔 통하여 사랑받는 죽침(竹枕)과 시원한 바람을 일으키는 합죽선(合竹扇), 등을 긁는 효자손도 볼 수 있었다.

대갓집 마나님 방에는 얇은 겉대를 한 가닥씩 붙여 만든 화려한 2층이나 3층 꽃장이 놓였다. 꽃장은 검정색이나 검정 무늬가 섞인 오죽을 붙여 만들었다. 꽃장 위에는 알록달록 물들인 채상(彩箱)이 포개지기도 하였다.

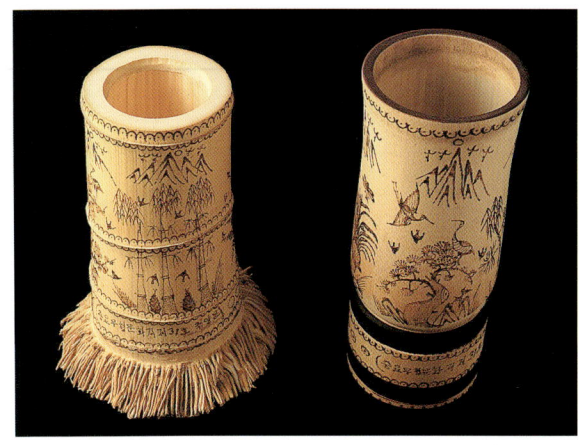

낙죽한 필통 옛날 글깨나 읽던 선비 의 방에는 붓통, 편지꽂이 등의 문 구류가 놓여 있었 다.

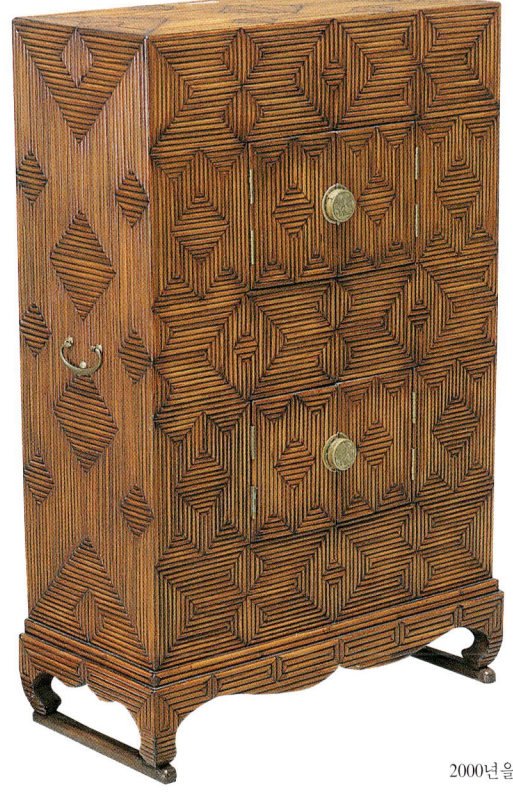

2층 꽃장 얇은 겉대를 한 가 닥씩 붙여 만 든 꽃장으로 검정색이나 검 정 무늬가 섞 인 오죽을 이 용하였다.

관혼상제와 대나무　　관례, 혼례, 상례 및 제례에도 대나무가 쓰였다. 조정 출입을 할 때 쓰는 관모나 여느 사람이 쓰는 갓의 테두리는 대오리를 휘어서 만들었고, 관모가 머리에서 떨어지지 않도록 붙들어 매는 비녀인 죽계(竹筓)도 대로 만들었다.

정혼한 뒤 신랑의 사주를 적어 신부집에 보내는 사주단자는 구겨지지 않도록 두 가닥으로 쪼갠 청죽(靑竹)을 대고 청홍 참실로 맨 다음 흔들리지 않게 상자 밑에 놓는다. 혼인날에는 신부집에서 싱싱한 댓잎이 달린 짧은 대나무에 창호지를 붙이고 그 지역의 수호신 이름을 쓴 깃대를 신행짐에 꽂아서 신랑집 대문까지 호송하였다. 그리고 초례상(醮禮床, 혼인 예식에 쓰이는 상)에는 한 쌍의 원앙과 함께 선녹색의 댓잎이 달린 대나무를 꽂아 사시사철 변하지 않는 사랑을 맹세했다.

한편 상례를 치를 때 짚는 지팡이로 아버지 상에는 대나무를, 어머니 상에는 오동나무를 짚었다. 상여 뒤를 따르는 만장(輓章)은 대나무 장대에 늘였다.

옛날 왕이나 왕비의 국상에는 상여 앞에 죽산마(竹散馬)를 끌게 하였다. 죽산마는 두꺼운 널로 만든 길다란 우물 정자의 틀에 두 바퀴를 달고 틀 위에 굵은 대로 만든 말을 얹은 것으로 여기에 종이를 발라 잿빛 칠을 한 다음 말총으로 갈기와 꼬리를 붙이고 눈알을 박아 움직이도록 만들어 여사꾼들이 끌게 하였다. 이러한 죽산마는 네 필을 만들어 두 필은 흰빛으로, 나머지 두 필은 붉은빛으로 칠했는데 이를 죽사마(竹泗馬)라 일컬었고, 네 필의 말에 각각 안장을 얹은 것을 죽안마(竹鞍馬)라 하여 국장의 위엄을 갖추도록 하였다.

죽엽죽과 죽엽주　　대나무로 만든 약은 주로 열을 내리는 데 쓰인다. 솜대의 얇은 속껍질인 죽여(竹茹)는 해열제에 이용된다. 댓잎과 석고(石膏)를 물에 달이고 웃물을 따라 멥쌀을 넣어 끓인 죽엽죽(竹葉粥)

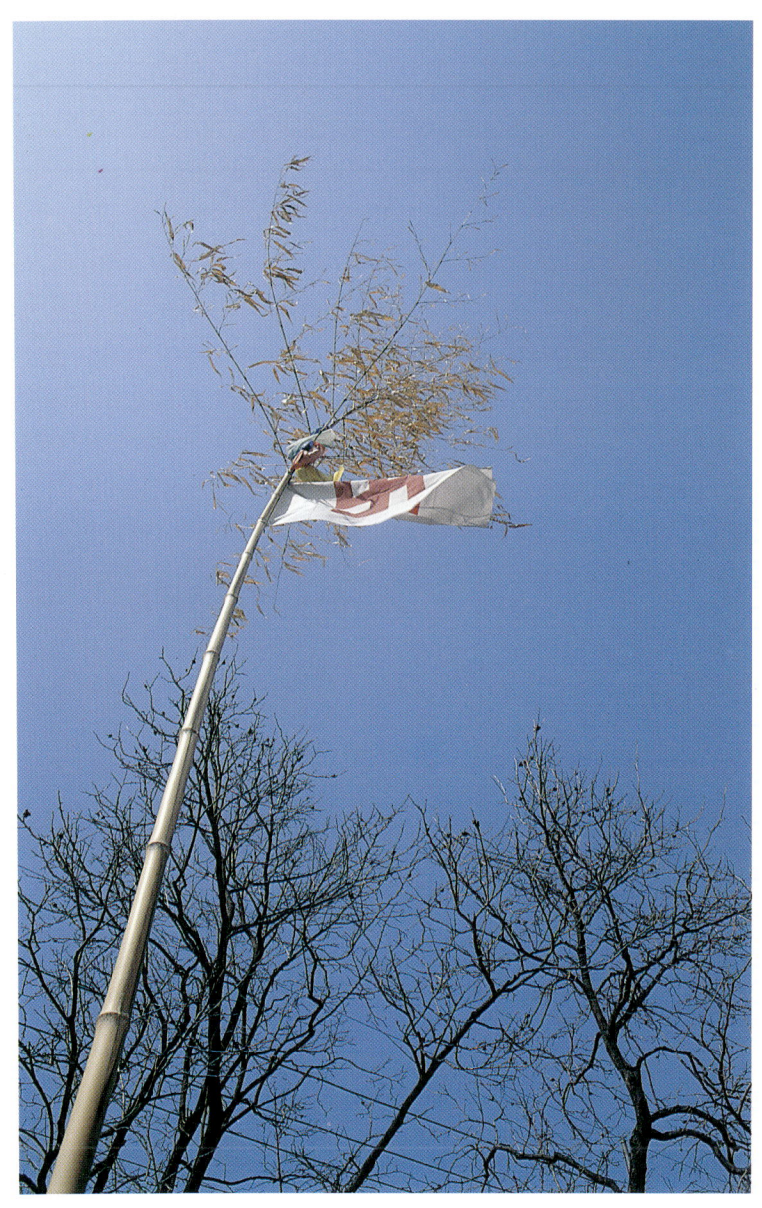

혼대 대나무나 나뭇가지를 통하여 신을 내리던 무속 의례에서 볼 수 있던 혼대는 무당의 영험을 보여 주는 증거가 되기도 하였다.

은 열을 다스리는 데 효험이 있다.

3년 이상 묵은 왕대의 대통을 끊어 그 속에 서해안에서 만든 천일염을 넣고 거름기 없는 황토를 막아 아홉 번 되풀이하여 구운 소금을 죽염(竹鹽)이라고 하는데 이것으로 죽염 간장, 죽염 된장을 담그고 근래에는 치약이나 화장품에 넣고 있다. 싱싱한 대나무를 토막 지어 불에 구웠을 때 양쪽 절단구에서 흘러나오는 진액을 죽력(竹瀝)이라고 하는데 이것은 열담(熱痰)이나 가슴이 답답하고 갈증이 나는 번갈(煩渴)을 다스릴 때 쓰인다. 병든 대나무 속에 생기는 누런 흙 같은 물질은 죽황(竹黃) 또는 죽고(竹膏)라 하여 어린아이의 경풍을 다스리는 데 쓰인다.

한편 죽력을 쌀과 섞어 빚어 소주로 내린 술을 죽력고(竹瀝膏)라 한다. 또 댓잎을 삶은 물로 빚은 술을 죽엽주(竹葉酒)라고 하는데, 댓잎 향기가 은은하다. 눈이 내리는 겨울에 항아리를 열어 은은하게 풍기는 죽엽주를 마시는 기분은 각별하다. 그 기분을 오재(寤齊) 조정만(趙正萬, 1656~1739년)은 소쇄원에서 시로 읊었다.

밤에는 계당(溪堂, 담양군 남면 지곡리에 있는 정자 이름)의 달빛에 취하고
아침에는 소쇄원으로 발길 돌렸네.
사군(使君, 사절로 내왕한 사람을 친근하게 일컫는 말)이 친구의 생각이 많아
화개(華盖, 거마(車馬))가 외로운 마을에 이르렀다.

눈은 매화를 눌러 섬돌에 닿았고
향기가 풍기는 죽엽주의 동이여,
산길의 험함을 사양치 말고

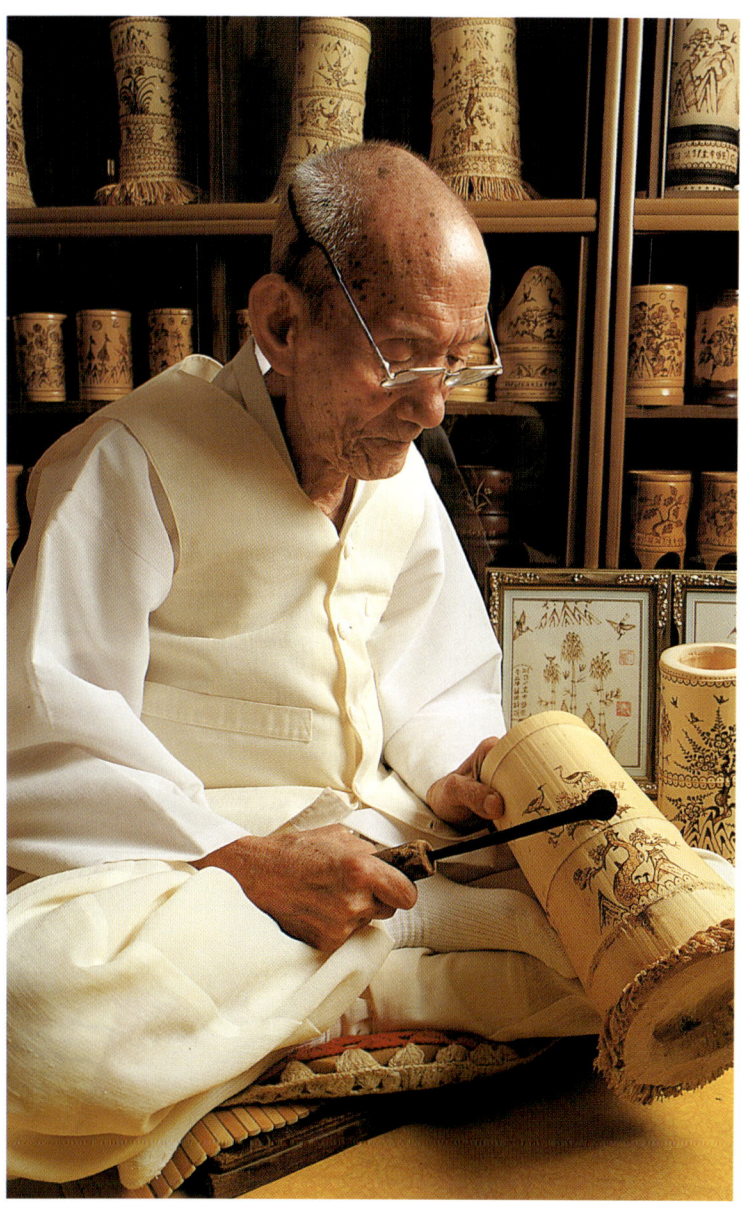

낙죽장 국양문 중요무형문화재 제31호인 낙죽장 국양문은 죽물에 인두로 지진 그림을 그려서 예술성을 승화시킨 작품들을 남기고 있다.

(梅鳥)에 이르기까지 낙죽은 죽물의 예술성을 승화시키고 있다. 담양의 국양문(鞠良文)은 낙죽장(烙竹匠)으로 훌륭한 예술 작품을 남기고 있다.

새로운 대문화를 위한 움직임

대나무는 생활을 편리하게 하며, 때로는 시나 그림의 소재가 되기도 한다. 대나무는 이처럼 사람에게 물질적인 혜택과 정신 활동에 이바지하고 있다. 문화는 모든 시대를 통하여 인류가 학습에 의해 물질적, 정신적으로 이루어 놓은 일체의 성과이다. 문화 속에는 의식주를 비롯하여 기술, 학문, 예술, 도덕, 종교 등 물심 양면에 걸친 생활의 양식과 내용이 포함된다. 이러한 입장에서 보면 대나무는 인류의 문화 향상에 크게 공헌하였다고 볼 수 있다.

한 고장의 산물(産物)은 그곳 사람들의 물질 생활에 동화되고 시간이 흐름에 따라 정신 문화에 깊숙이 영향을 미친다. 대나무가 흔하지 않은 서양과 흔한 동양에서도 문화적인 차이를 식별할 수 있고, 한반도 내에서도 대가 자라지 않는 북부와 잘 자라는 남부에서 그 차이를 구분할 수 있다.

문화는 시대의 흐름에 따라 점진적으로 변화한다. 사람의 지혜가 열리고 물질이 풍부해지며 생활의 편리성을 추구함에 따라 문화는 진화한다. 동양과 서양 그리고 대나무가 있는 고장과 없는 고장은 제각기 다른 문화의 진화 과정, 이른바 다선적 진화(多線的 進化)를 밟아 왔다.

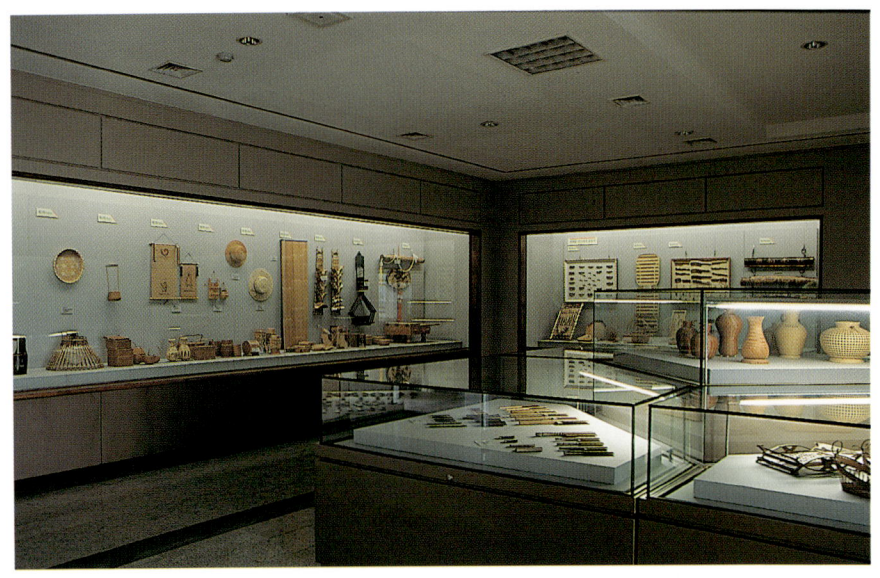

담양의 죽물박물관 대나무 문화의 진화를 한눈에 보여 주는 전시품들이 빼곡하게 진열되어 있다.

문화의 진화 과정에 따라 옛날의 대나무 문화는 상당히 사문화(死文化)되었지만 아직도 영원 불멸의 유산으로 남아 있는 것이 많다. 그리고 현대인은 새로운 대나무 문화의 향상을 위하여 발돋움하고 있다.

담양에는 죽향이라는 이름에 걸맞는 죽물박물관이 있고 그 안에는 대나무 문화의 진화를 한눈에 보여 주는 죽물이 빼곡하게 진열되어 있다. 낙죽으로 지진 화려한 그림의 발, 길쌈에 쓰였던 연장들, 참빗을 만드는데 쓰인 연장들, 아름답게 무늬가 새겨진 채상, 피죽을 붙인 꽃장과 경대, 현대적 감각의 꽃병, 전화대, 여성모 등 그 수를 헤아리기 어렵다. 죽물박물관은 새 대나무 문화를 위한 착안(着眼)과 발상(發想)의 기회를 제공하고 있다.

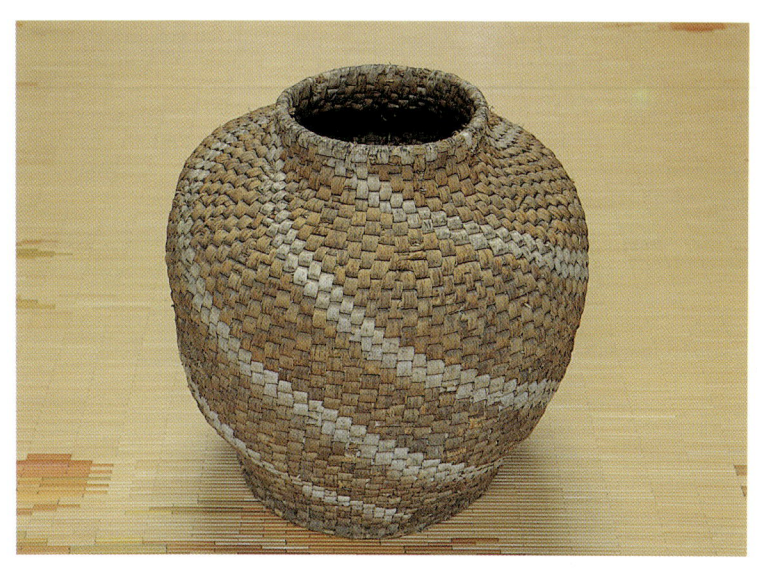

죽피를 겯어서 만든 항아리(위)

대오리로 만든 상자(오른쪽)

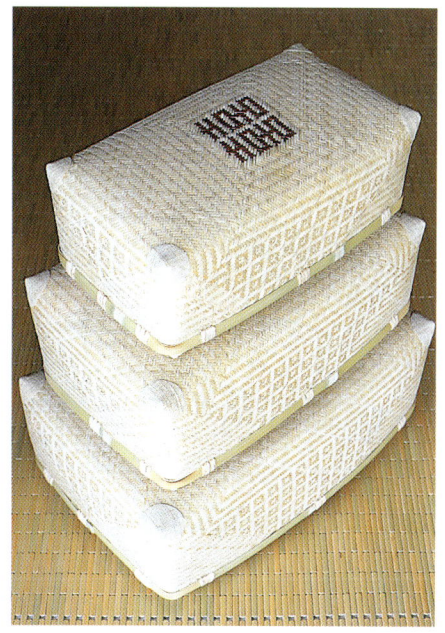

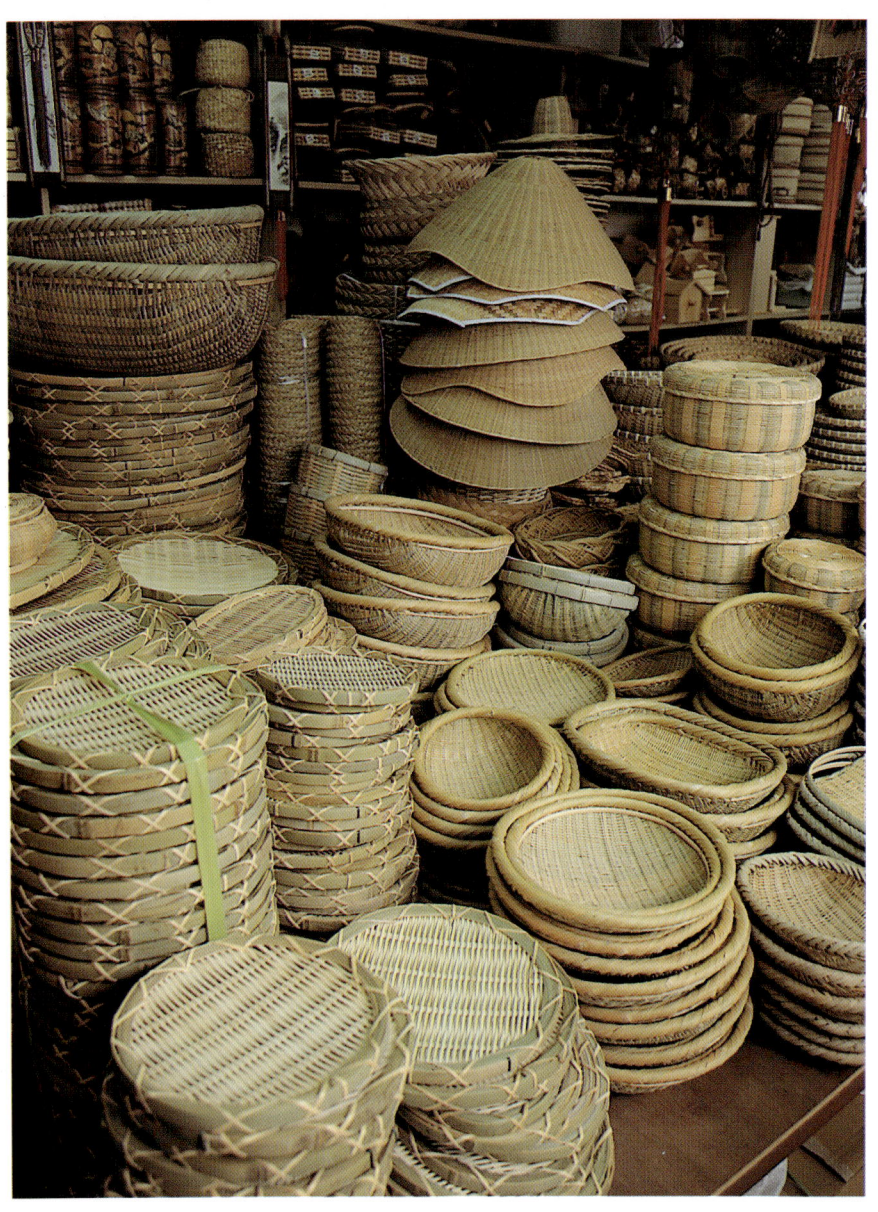

죽물로 가득한 담양장 풍경　2일과 7일에 서는 담양장에는 시골에서 가져온 소쿠리, 바구니, 키, 대자리 등이 모였다가 전국으로 흩어진다.

한편 담양에서는 전국 공예품 경진 대회가 열린다. 이 경진 대회에는 죽물을 위주로 하는 공예품이 출품된다. 전통적인 죽물에 새로운 착상을 가미한 것도 있지만 순전히 현대적 감각의 공예품이 더 돋보인다. 정교한 꽃병이나 매끈한 서류가방, 정교한 브로치와 머리핀 따위는 사람들의 감탄을 자아낸다. 이 경진 대회를 거듭한다면 죽물의 예술성을 더욱 높일 수 있을 것이다.

2일과 7일에 서는 담양장은 죽물로 가득하다. 시골에서 가져오는 소쿠리, 바구니, 키, 대자리 등이 모였다가 전국으로 흩어진다. 죽물 시장의 한쪽에는 청죽이 산적해 있다. 이 청죽도 김을 생산하는 바다나 온상(溫床) 농업을 하는 강원도로 팔려 나간다. 죽물박물관 앞 거리에는 죽물만 다루는 가게가 즐비하다. 전국 각지에서 모여든 손님들의 흥정이 그칠 줄 모른다. 이처럼 담양의 죽물 시장은 대나무 문화를 이어 가는 큰 모태가 되고 있다.

담양에는 수십 개의 죽석 공장이 움직인다. 옛날의 대자리가 아닌 현대식 대자리를 만들고 있다. 대의 마디를 끊어내거나 마디사이를 쪼개 속대와 피죽은 대패질하고, 대토막은 98밀리미터로 길이가 똑같게 절단하여 모서리를 갈며, 그 대토막에 구멍을 네 개씩 뚫는 일련의 작업을 기계화하고 있다. 다만 손으로 하는 일은 구멍 뚫린 대토막에 실을 꿰어 대자리를 만드는 마지막 작업뿐이다. 이렇게 하여 죽물 제조의 기계화, 대량 생산화가 진행되고 있다.

이러한 기계화는 정부의 도움이나 관청의 장려로 이루어진 것이 아니고 오직 중소기업인의 노력에 의해 이루어졌다고 한다. 그런데 애석하게도 담양의 대자리는 대도시로 옮겨가자마자 값이 3배로 껑충 뛰어오른다. 이처럼 죽물값의 급상승이 대나무 문화의 발전을 저해하는 요인이 되기도 한다.

자연성을 지닌 죽물은 인공의 화학 제품이 따르지 못하는 특성을 가지고 있다. 죽물은 더운 환경에서 시원하게 느껴지고 차가운 환경에서 온화하게 느껴지며, 습기가 많으면 흡수하고 건조하면 습기를 방출한다. 인조 플라스틱 제품이 값싸고 경박하다면 자연성을 지닌 죽물은 온화하고 고귀하다. 이 세상의 모든 물품에 있어서 기계 제품보다 수공예품이 고귀하고 값비싼 이치는 죽물에도 해당된다.

시간이 지날수록 사람들은 자연성을 선호하고 다양성을 추구하며 예술성을 좋아하게 될 것이다. 손으로 쪼개고 겯고 무늬 놓은 죽물에 사람들의 눈길이 모아지게 된다. 한결같은 모양의 기계 제품이 아닌 다양한 수제품을 주문 생산할 때가 올 것이다. 그렇게 될 때 대나무 문화는 새로운 방향으로 진화할 것이다.

참고 문헌

한국어

소쇄원시선편찬위원회, 『瀟灑圓詩選』, 광주 광명문화사, 1997.
김준호 외, 「개화로 인한 更新竹林의 생산성 향상에 관한 연구」,
             1979.
정동오, 「개화죽림의 생리생태학적 연구」, 1970.
진희성·정현배, 「회복도상에 있는 참대림의 시배와 생장 해석에 관
           한 연구」, 1982.

영문

D.H. Janzen, *Why bamboo wait so long to flower*, 1976.
N. Numata, *Ecology of bamboo forests in Japan*, 1965.

일본어

三寺光雄·沼田眞, 『竹林의 水分經濟 Ⅱ』, 1963.
上田弘一郞, 『竹와 竹筍의 新栽培』, 博友社, 1953.
沼田眞, 『왕대숲의 開花와 生態』, 1964.
沼田眞·靑木一子, 『왕대숲 林床植物의 動態』, 1962.
沼田眞, 『竹林의 生態學』, 1962.
上田弘一郞·沼田眞, 「原生竹林의 更新과 그 生態學的 研究」, 1961.
沼田眞·靑木一子, 「竹林의 生態學的 研究」, 1964.

빛깔있는 책들 301-39

대나무

글	—김준호
사진	—박보하

발행인	—장세우
발행처	—주식회사 대원사

기획·편집	—김옥자, 박상미, 최명지, 김민정
미술	—김지연, 위명자
총무	—이훈, 이규헌, 정광진
영업	—김기태, 문제훈, 강미영, 이광복
이사	—이명훈

첫판 1쇄 —2000년 2월 25일 발행
첫판 3쇄 —2004년 4월 30일 발행

주식회사 대원사
우편번호/140-901
서울 용산구 후암동 358-17
전화번호/(02) 757-6717~9
팩시밀리/(02) 775-8043
등록번호/제 3-191호
http://www.daewonsa.co.kr

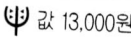 값 13,000원

Daewonsa Publishing Co., Ltd.
Printed in Korea(2000)

ISBN 89-369-0234-2 04480

빛깔있는 책들